CONTENTS

PATCH WORK 拼布教室

Summer Edition 2023

no. 31

深受夏天吸引的色彩，能為視覺上帶來清涼感，令內心感到平靜的Blue。本期滿載寧靜的日本藍，以及各種Blue印花布圖案進行活用的作品。請試著將此元素收進家飾作品及手作包。在夏威夷拼布單元中，推薦可輕鬆完成的小物，僅將波奇包及手作包製作成夏威夷花樣，就能立即感受到滿滿的季節感。試著與彩繪初夏的玫瑰拼布一起搭配，描繪出季節性花卉與植物的花樣吧！以成組單品攜帶的手作包，也相當精彩可期，不妨以在這炎熱季節才能夠體驗得到的拼布，享受專屬夏日生活的製作樂趣吧！

隨書附贈 原寸紙型＆拼布圖案

裝飾小小空間的季節小品

攝影／山本和正

每期將為讀者介紹各種適合用來裝飾屋內小小空間的尺寸，具有季節感的作品。

敬請期待這個傾注了作者的堅持，一針一線仔細縫製完成的小小世界。

本期夏季號呈獻給大家，由服部まゆみ老師製作，將大海與向日葵轉化為花樣的作品。

波浪花樣迷你壁飾

將半圓形布片縱向交錯排列，表現出波浪的模樣。大量配置了白底Blue印花布的清爽色調，令人感受到波光粼粼的感覺。添加於飾邊上的波浪花樣壓線，是利用素壓（白玉拼布）方式呈現出蓬鬆飽滿的模樣。試著與玻璃器皿及貝殼一起陳列，演出一場以大海為意境的角落吧！

設計・製作／服部まゆみ
31.5×31.5㎝　作法P.68

①

向日葵迷你抱枕

將象徵夏天的向日葵製成立體花朵。以四角形拼接及六角形拼接手法製作花蕊，並塞入棉花之後，縫製完成。可收納於籃子裡，或裝飾於書架上空出的空間，增添樂趣。使用帶有黑色與茶色花樣的黃色印花布，配置上較深的色調，就不會顯得太過孩子氣。

設計・製作／服部まゆみ
寬16cm　作法P.68

可用來當作布玩偶或洋娃娃的靠墊也相當可愛。

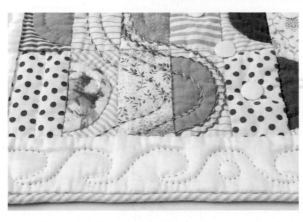

有如在半圓形布片上維持連結般的，添加了捲繞平針繡。
波浪花樣的壓線則是使用Blue線材，使整體更加醒目。

裝飾於草編包上也非常出色。

攝影／腰塚良彥（P.12上）山本和正　插圖／木村倫子

手作的藍調時光
清爽可愛的日系Blue拼布

想在夏天製作使用，帶來沁涼感的藍色與Blue進行配色的作品。

以各種玩出青色樂趣的拼布為首，以及手作包與小物，都能使人神清氣爽。

以藍布體驗
和風的樂趣

使用藍色素布、藍布的模版印染風印花布的「無盡的世界」圖案的手提袋。將表布圖案以外配置上素面的藍布，營造出帶有層次分明的設計。

設計·製作／西澤まり子　　27×31cm

作法P.72

模版印染風印花布料提供／双日Fashion株式會社

後片與側身是以刺子繡機縫進行玫瑰與葉子的壓線。

以碎白點、條紋等藍色、白色碎白花紋布，製作的翻車魚與海龜的波奇包。
只要將鉤環固定在接縫於上部的吊耳，即可掛在手提袋的提把，隨身攜帶。獨特的造型，使用時也變得更有樂趣。

設計・製作／橫山幸美　No.4　25×21cm　No.5　25×26cm　作法P.70

後片配置上
一片布。

在翻車魚的魚鰭與海龜的
上部接縫拉鍊。

5

於碎白點及條紋的四角形拼接上，重點式的添加朱紅色的和布與兔子花樣的河內木棉布，製成的手提袋。因為屬於大型包，所以可作為購物袋使用。

設計・製作／竹內正美
30.5×56.5cm　作法P.69

6

於袋口的脇邊接縫了附磁釦的釦絆。

長版提把可掛於肩上，背起來相當方便。

使用各種紮染風的印花布，組合成涼爽印象的玄關地墊。將「法院的階梯」的表布圖案以紙型板拼接方法製成。

設計・製作／中山弘子　51.5×84.5cm
作法P.7

7

紮染風印花布料提供／双日Fashion株式會社

以碎白點及條紋進行配色的「猴子扳手」表布圖案，相當引人矚目的手提袋。有如碎白花紋集中於表布圖案的中心布片似的裁剪布片，形成重點裝飾。

設計・製作／西澤まり子
40.5×35.5㎝　作法P.73

背面側則是以碎白點的大花樣為主角的設計。

⑧

No.7 玄關地墊

材料
各式拼接用布片 鋪棉、胚布各 90×55㎝ 滾邊用寬4㎝ 斜布條 280㎝

作法順序
使用紙型板拼接方法（參照P.61）製作15片表布圖案→拼接成5×3列之後，製作表布→疊放上鋪棉與胚布之後，進行壓線→將周圍進行滾邊（參照P.66）。

※表布圖案原寸紙型B面④。

表布圖案的配置圖

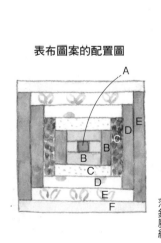

A
E
D
C
B
B
C
D
E
F

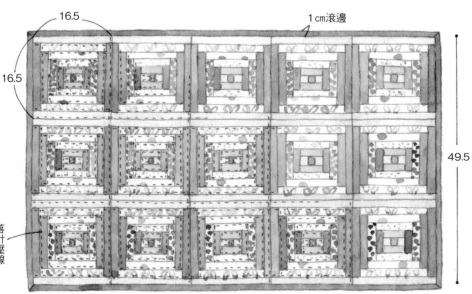

16.5

16.5

1㎝滾邊

落針壓線

49.5

82.5

7

在本體藏青色底布的襯托之下，使浴衣花色更顯耀眼的「線軸」圖案與六
角形拼接口袋的手機包。分別接縫拉鍊與磁釦之後，縫製而成。

設計・製作／小澤志織　24×19.5cm　作法P.9

白色×青色、白色×紅色，給人無
比清爽印象的刺子繡迷你手提袋。

設計・製作／小澤志織
No.11　28×23cm
No.12　25.5×20cm
作法P.75

No.9&No.10 手機包

材料

相同 各式拼接用布片 本體表布 35×160cm（包含肩帶、吊耳、本體用滾邊、包釦部分） 口袋用寬 3.5cm 斜布條 30cm 本體用極薄型 舖棉 50×20cm 口袋用極薄型背膠 舖棉 40×20cm 肩帶・吊耳用薄型 舖棉 5×160cm 胚布 90×20cm （包含口袋裡布部分） 內徑尺寸 2.2cm D型環・活動鉤各 2種 內徑 尺寸 2cm活動式日型環1個
No.9 直徑1.5cm 磁釦1組
No.10 長20cm 拉鍊1條 直徑1.8cm 包釦用芯釦 2顆

作法重點

・口袋的弧度請參照配置圖，作成 喜愛的線條。

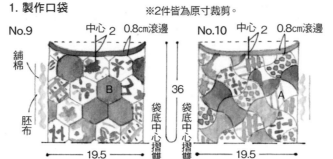

1. 製作口袋

※2件皆為原寸裁剪。

No.9　中心 2　0.8cm滾邊　　No.10　中心 2　0.8cm滾邊

舖棉　胚布

B　　A

36　袋底中心摺雙　袋底中心摺雙

19.5　19.5

① 拼接布片A（B），製作表布。
② 於背面黏貼上背膠舖棉，重新作記號，進行裁剪。
③ 將步驟②與同尺寸的裡布背面相對疊合，並於外圍算起0.3cm的位置上進行疏縫。
④ 將口袋口進行滾邊。

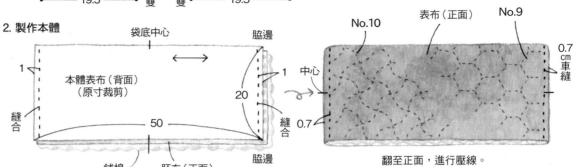

2. 製作本體

袋底中心　脇邊

本體表布（背面）（原寸裁剪）

1　1　20

50

縫合　縫合

0.7

舖棉　胚布（正面）　脇邊

No.10　表布（正面）　No.9

中心　0.7

0.7cm車縫

翻至正面，進行壓線。

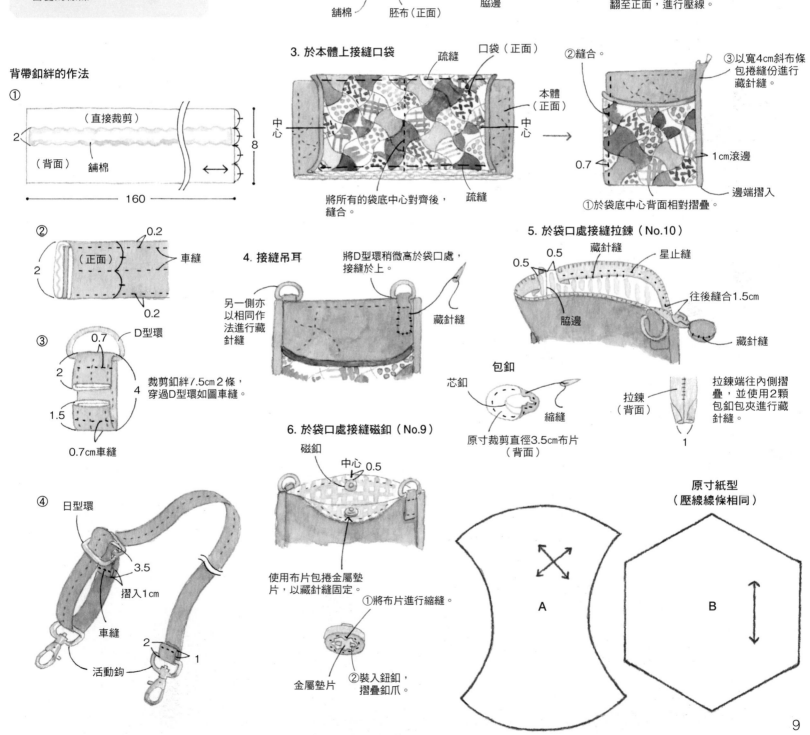

背帶釦絆的作法

①
（直接裁剪）
2
（背面）　舖棉
8
160

②
0.2
（正面）　車縫
2
2
0.2

③
D型環
0.7
2
4
1.5
0.7cm車縫

裁剪釦絆／.5cm 2條，穿過D型環如圖車縫。

④
日型環
3.5
摺入1cm
車縫
活動鉤
2　1

3. 於本體上接縫口袋

疏縫　口袋（正面）

中心　中心

本體（正面）

將所有的袋底中心對齊後，縫合。　疏縫

②縫合。

③以寬4cm斜布條包捲縫份進行藏針縫。

0.7　1cm滾邊

①於袋底中心背面相對摺疊。　邊端摺入

4. 接縫吊耳

將D型環稍微高於袋口處，接縫於上。

另一側亦以相同作法進行藏針縫　藏針縫

5. 於袋口處接縫拉鍊（No.10）

0.5　0.5　藏針縫　星止縫

0.5　脇邊　往後縫合1.5cm

藏針縫

包釦

芯釦　縮縫

原寸裁剪直徑3.5cm布片（背面）

拉鍊（背面）　1

拉鍊端往內側摺疊，並使用2顆包釦包夾進行藏針縫。

6. 於袋口處接縫磁釦（No.9）

磁釦　中心　0.5

使用布片包捲金屬墊片，以藏針縫固定。

①將布片進行縮縫。

金屬墊片　②裝入鈕釦，摺疊釦爪。

原寸紙型（壓線線條相同）

A　B

9

以Blue與紫色進行配色的
「蜜蜂」圖案上，搭配淺淺
的水藍色素面區塊，顯現出
層次效果的壁飾。

設計・製作／北田郁代
112×112cm　作法P.74

13

以變形小木屋的表布圖案，
描繪出9種色彩的圓陣模樣
的抱枕。將添加於3處的大
型花朵圖案作為重點配置。

設計・製作／賀来陽子
39×39cm　作法P.11

14

Blue與綠色布條拼接而成的肩背包。從接縫
於縱長形縫製成的本體脇邊上的吊耳部分開
始摺疊使用。以同色製作的立體花飾則為重
點裝飾。若取下肩帶，即可成為手拿包。

設計・製作／山本輝子　20×30cm
作法P.78

本體是將一片布與
拼接部分接縫後，
製作成縱長形。

15

No.14　抱枕

材料
各式拼接用布片　白色素布　50×50cm　後片
布　60×45cm　舖棉、胚布各 45×45cm　直
徑1.1cm鈕釦 9顆

作法順序
進行拼接後，製作36片表布圖案→接縫4
片，製作9片圓形花樣的區塊，進而拼接→
於周圍接縫上布片N至R，製作前片的表布
→疊放上舖棉與胚布之後，進行壓線→接縫
鈕釦→參照圖示，進行縫製。

※表布圖案原寸紙型A面⑨。

表布圖案
的配置圖

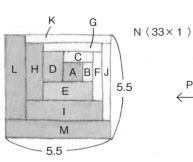

前片　　R（39×1）　　P（37×1）

鈕釦

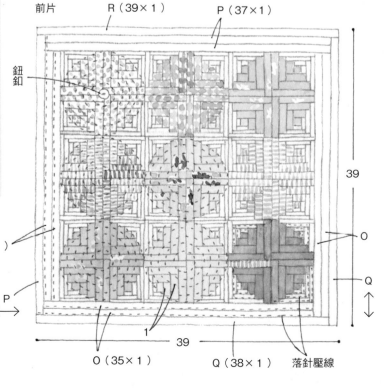

N（33×1）

P

39

O

Q

1

39

O（35×1）　　　Q（38×1）　　落針壓線

後片（2片）

進行三摺邊的邊長，
外加3cm縫份。

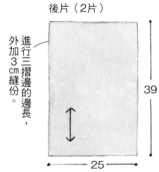

39

25

縫製方法

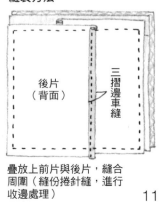

後片
（背面）

三摺邊車縫

疊放上前片與後片，縫合
周圍（縫份捲針縫，進行
收邊處理）

11

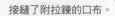

接縫了附拉鍊的口布。

後片側則是將3片表布圖案斜向排列，接縫拉鍊口袋。

(16)

使用「格狀長條飾邊」的圖案描繪出格子花樣的手提袋。藍綠色的色調，顯得格外具有大人風且出色。

設計・製作／松本真理子
34.5×40cm　作法P.79

使用藏青色素布與一眼就能看見的大花樣布片，組成「拼圖」的表布圖案。以竹節提把完美呈現和風印象。

設計・製作／井樋口尚美　25×36cm
作法P.102

(17)

脇邊接縫附D型環的吊耳，裝上肩帶後，亦可當作肩背包使用。

開啟 個人手作 × 商售 的雙重樂趣

1. 收錄的大小布包不只外形可愛，實用性與機能性同樣優秀。
2. 完成的作品可供個人商售（市集、網路、跳蚤市場等）。
3. 日本人氣YouTuber布作家詳解示範：全作品皆可掃QR code看教作影片！
4. 完美搭配書籍＋影片的全方位解說示範，絕對能作出成就感滿滿的布包。

POINT

Pro級！手作販售OK！
美麗又有趣的好實用布包

BOUTIQUE-SHA◎授權
平裝／96頁／23.3×29.7cm彩色／定價480元

配色教學

一邊學習基礎的配色技巧，一邊熟悉拼布特有的配色方法。第23回主要在於介紹特輯主題的Blue，學習夏天般清爽的配色方法。不妨體驗一下可讓人憶起天空及大海之夏日完美配色的樂趣吧！

指導／橋本直子

以Blue為基調的清爽配色

深海的青、如穿透般清澈的天空藍、涼爽的淺蔥色等，Blue系的色彩非常適合以夏天為概念的顏色。僅運用單一色的Blue，雖然容易顯得過於單調，但透過改變深淺或花紋圖樣，或是在強調色彩上添加其他顏色的方式，即可展開多彩繽紛的配色。

僅運用單一色的Blue

改變深淺或花紋圖樣

↑雙重三角形
相對於深淺的花朵圖案，底色則是以直條紋與水玉點點花樣構成。透過統一直條紋方向的手法，使整體呈現清爽俐落的感覺。

←荊棘之冠
在中心的大正方形上，配置了氣勢非凡的大花圖案。其他則是將小碎花或近似素布的布料進行配色。

花紋圖樣的差異
當布料的顏色相近時，可利用花朵圖案或直條紋等花紋的差異，作出區別。

色彩深淺的差異
相對於左圖明亮的青色，右圖則配置帶黑的偏暗青色，營造出視覺上的層次感。

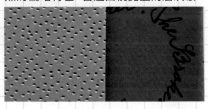

組合色調不同的Blue

風車
左圖是在灰白色調的藍綠色上，挑選蕾絲及原色的水玉點點花樣，將底色配置上時尚的消光色彩。右圖則是在鮮豔的亮藍色上，挑選近似相同原色的紅色水玉點點花樣，進而調和色調。

以蕾絲布料增添清爽感
以白色繡線在白色底布上進行刺繡的蕾絲布，是夏季布料的最佳選擇。

依色調不同的相適性
相對於上圖接近原色的鮮豔活潑色調，下圖則是添加灰色的暗淡色調。只要挑選相同的色調，即可將色彩統整。

活潑色調

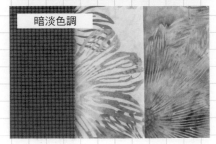
暗淡色調

大花樣的有效使用方法

以大花樣為底色

海浪

為了活用喜愛的大花樣印花布，因而挑選了大型布片中心現有的圖案。底色看起來就像是主角一樣。周圍的三角形則是以零碼布運用呈現出熱鬧氛圍。

雙重三角形

透過裁剪多色印花布的各種大花樣部分的手法，使其看起來宛如零碼布運用般的感覺。底色挑選淺藍灰色的小碎花，襯托出主角大花樣印花布的美麗。

物盡其用地使用大花樣

在挑選想要呈現的顏色裁剪布片時，半透明的紙型相當好用。

透過避開花樣作裁剪的方式，可當作近似素布的布片使用。

非對稱紙型的情況

左右為非對稱形的布片，為了避免搞錯正反面，可貼上貼紙，方便辨識。

典雅的灰色系

棕櫚葉

雖然說是同樣的Blue，卻也有著各式各樣不同的色系。只要以藍灰色系進行統整，隨即變化成都會風的配色。但光是如此又過於冷清，因此再把帶有紅色元素的布作強調性質的運用。

各式各樣的Blue

灰色系

綠色系

紫色系

與帶有黑色的暗色調灰色系的青色、帶有黃色的綠色系、帶有紅色的紫色系，相同色系的布的相適性較佳，因此請特別注意此一性質，試著結合相同色系。

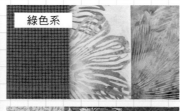

大圖案的英文字樣印花布

素色部分較多的英文字樣印花布，可當作素布使用。比起單純的素布，也更能呈現出律動感，在此大為推薦。

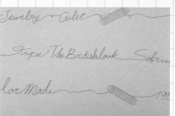

顯色良好的色彩組合

色彩比花樣更令人著迷

偏愛的灰色

相對於彷彿能讓人甦醒一般鮮豔的Blue，配置上類似耀眼色調的黃綠色所進行的活力配色。透過減少花樣，並將素色感覺的色彩加以組合的方式，即可營造出更時尚的氛圍。

使用具有關連性的相同色彩

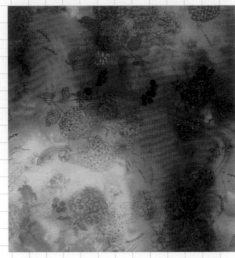

不僅僅只是色調相同，在混染風的Blue之中，還帶有些許的黃色，更進一步結合兩者的相適性。

具有波動起伏感的印花布

使用於底色上有如水彩畫般的小碎花印花布，具有與英文字樣印花布作對比的韻味，並且能為容易陷入無情感的配色，柔和整體的氛圍。

以粉紅色作為強調色

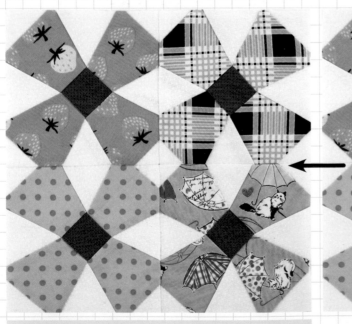

塔拉哈西

右圖相對於Blue，嘗試選擇黃色作為強調色，但看起來並不顯眼，因此更換成左圖的洋紅色。比起黃色，更能作出層次分明的感覺。

作為重點色挑選的秘訣

將印花布中現有的粉紅色選為重點色。直接採用會顯得薄弱，透過配置上深粉紅色的手法，呈現出更加強烈的印象。

請使用具象圖案的印花布

可愛的印花布

印地安小徑

藉由避免切到可愛的動物或花朵的圖案裁剪布片的方式，使布片的魅力隨之提升。讓動物的耳朵或尾巴若隱若現的裁剪方法也充滿童心。

具象圖案印花布種類繁多

將所謂的動物、花草、建築物，實際上具有形體的東西，直接描繪出的印花布，稱之為具象圖案印花布。此處匯集了既有趣又可愛的圖樣。

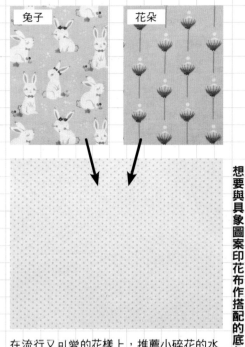

兔子　花朵

建築物　長頸鹿

想要與具象圖案印花布作搭配的底色

在流行又可愛的花樣上，推薦小碎花的水玉點點花樣或素布等，不會干擾圖樣的基本款布片。

在左上圖的手繪風印花布上，搭配同樣細膩觸感的單色手繪風印花布。

異國情調的花朵圖案

醉漢之路

將用色大膽的花樣印花布運用在表布圖案上的2種配色。兩者皆是將大花樣有如零碼布般使用，營造出洋溢著南國風異國情調的圖案。

大朵花樣印花布

不將花朵圖案當作花朵，而是透過作為素材處理的方式，誕生出普普藝術。個性化的大花樣印花布很容易被視為不適用於拼布，然而，透過將底色配置上單色小花紋的手法，更能襯托出大花樣的醒目。

務必意識到圖案的流動方向

雖然經由隨意裁剪大花樣的方式，亦有花樣隨機出現的趣味性，但有時卻會導致圖案中斷的情況發生。請一邊意識著流動方向，一邊裁剪布片。

華麗綻放的
玫瑰壁飾與手作包

將初夏盛開的玫瑰花運用拼接或貼布縫手法製成的壁飾及手提袋。

於六角形的周圍，接縫了瘋狂拼布風的表布圖案與三角形布片的壁飾。三角形布片的玫瑰壓線則利用素壓（白玉拼布）技法，呈現出蓬鬆飽滿的模樣。

設計／大畑美佳　製作／五十井惠子
69.5×69.5cm

作法

●材料
各式拼接用布片、各式貼布縫用布片
A、B用布90×40cm　舖棉、胚布各
80×80cm 滾邊用寬5cm 斜布條240cm
25號繡線、毛線 各適量

●作法順序
進行拼接後，製作6片玫瑰的表布圖案
→於布片A上進行貼布縫與刺繡→接縫
表布圖案、布片A、B，製作表布→疊放
上舖棉與胚布之後，進行壓線→進行白
玉拼布（素壓）→將周圍進行滾邊。

※表布圖案與布片B原寸紙型及原寸貼
　布縫圖案B面⑭。

白玉拼布（素壓）的方法

①
毛線
胚布

由胚布側入針，將毛線穿入
胚布與舖棉之間，剪斷。

表布
舖棉
胚布
毛線

②
胚布
0.1～0.2

沿著圖案，穿入
毛線數次，並將
線端剪短。

1.2cm滾邊
白玉拼布（素壓）
落針壓線
B
18
18
18
貼布縫
A
welcome
1.5
1.5
67.2

刺繡
（參照P.88）

※布片A為每邊長
18cm的正六角形

67.2

以各種技法製作的手提袋

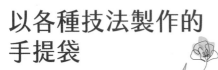

於藏青底色的本體上，使用紫色與綠色的縮織布（皺織布），將2朵玫瑰進行貼布縫。簡單的設計非常適合大人風的裝扮。

設計‧製作／鴨川美佐子
30×30cm　作法P.84

後片則是於中心處，將一朵凜然綻放的玫瑰進行貼布縫。

運用於配色布上置放滾邊條，進行藏針縫的
技法製作的彩繪玻璃拼布手提袋。以黑色線
條描繪的花朵特別引人注目。

設計・製作／西澤まり子
30.5×42cm　作法P.80

20

後片則施作玫瑰
花樣的壓線。

以MOLA民族風貼布縫（逆向貼布縫）技法製作
的彩繪玻璃拼布手提袋。利用輪廓部分的布寬，
形成不同的印象。將接縫於袋口脇邊上的子母釦
固定後使用。

設計／福田元子
製作／圖左 淺野浩子　圖右 加藤倫子
31×45cm　作法P.85

21

彩繪玻璃拼布的作法 ·····

● 將滾邊條進行藏針縫的方法 ●

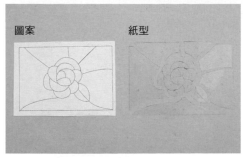

1 準備用來裁剪圖案與配色布的紙型。紙型是將透明板疊放在圖案上方描繪，並以剪刀作裁剪。花朵與葉子為相同的一片布，沿著周圍的線條進行裁剪。

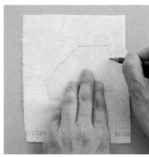

2 將紙型置放在配色布的正面上，描畫記號，並將記號的稍微外側以原寸裁剪進行裁剪。於周圍四邊的部分外加縫份。

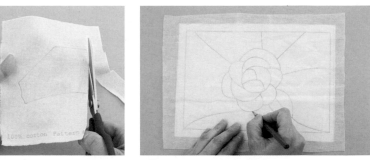

3 將黏貼面朝上的薄型單膠接著襯疊放在圖案的上方，並以滾邊條及珠針進行固定之後，再以鉛筆描繪。

玫瑰內側的圖案，可利用透寫來描摹，或使用手藝用複寫紙描畫。葉子則參照圖案描繪。

4 將配色布沿著接著襯的圖案記號，無間隙地置放上去，並以熨斗燙貼。

5 使滾邊布（能夠以熨斗暫時黏貼的種類）的中心成為配色布的界線般地置放上去※，並以熨斗燙貼。接著止點則將之前黏貼好的滾邊布以錐子掀開，並將滾邊布邊端放入。

※滾邊布由置於下方的部分開始依照順序。

6 使用與滾邊條同色的縫線，將滾邊條的兩端進行藏針縫。

● 製作MOLA民族風貼布縫（逆向貼布縫）的方法 ●

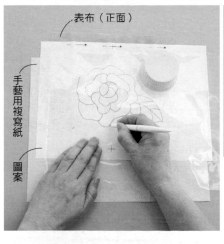

表布（正面）

手藝用複寫紙

圖案

1 依照表布、粉筆面朝下的手藝用複寫紙、圖案、玻璃紙的順序疊放後，以砝碼等重物固定，並以鐵筆來描摹線條。也不要忘了合印記號。

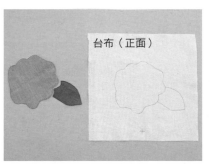

台布（正面）

2 準備已畫有圖案記號的台布與配色布。配色布是將花朵與葉子的紙型分別置放在一片布的正面，沿著記號描畫，並將記號的稍微外側進行裁剪。

1

3 將配色布置放在台布的記號上方，並於周圍進行疏縫。

4 將表布置放在台布上，對齊合印記號，並以珠針固定。

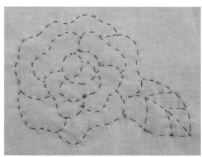

5 沿著圖案的記號，進行疏縫。

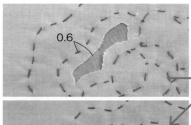

0.6

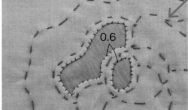

0.6

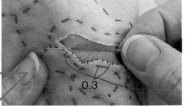

0.3

6 以剪刀將表布的記號內側剪牙口，並由記號處算起外加大約0.6cm的縫份後，進行裁剪。為使縫份形成記號處算起0.3cm，以針尖將縫份摺入後進行藏針縫。凹入的邊角及弧線縫份處請適當地剪牙口。

後片配置上「玫瑰花蕾」的表布圖案。

在青色玫瑰的表布圖案上，搭配了粉紅色玫瑰花樣印花布的華麗肩背包。
使用長版拉鍊，讓袋口能夠完全地打開。

設計・製作／高須あつみ
17.5×27cm　作法P.82

22

只要將前片與後片疊放，縫合內側之後，進行縫製，就能如圖所示完成3個袋口。

將渾圓造型的玫瑰圖案進行貼布縫的多用途收納袋。
內附可收納存摺、用藥記錄本、媽媽手冊的口袋與卡片夾。
由於是整平縫製的設計，因此能靈巧運用，相當方便。

設計・製作／中材麻早希
12×18cm　作法P.23

23

以布製作的
立體玫瑰花

將包夾著鋪棉，蓬鬆縫製的花瓣包捲在
花蕊上製成。

無論是單獨一朵，或是裝飾在市售的花
圈上，也都能玩出不同變化的樂趣。

設計・製作／大畑美佳
寬7至8cm（花朵1件的用量）
作法P.81

24

多用途收納袋

●材料（1件的用量）
各式貼布縫用布 A用布 25×15cm B用布
45×35cm（包含裡布部分） 內口袋用布2種
各25×20cm 單膠鋪棉30×20cm 直徑0.2cm
珠子6顆 直徑1cm 子母釦1組 25號金蔥繡線
適量

●作法順序
於布片A上進行貼布縫與刺繡（參照
P.88），並與布片B接縫後，製作表布→黏
貼上原寸裁剪的背膠鋪棉之後，進行壓線→
製作本體與內口袋→依照圖示進行縫製。

※原寸貼布縫圖案A面①。

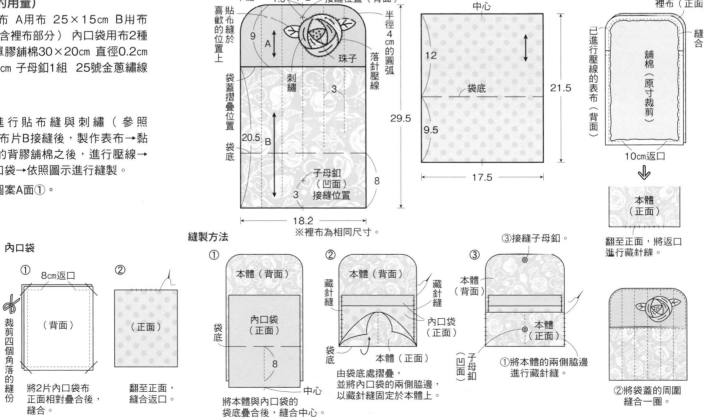

內口袋

① 8cm返口 ②
裁剪四個角落的縫份
（背面）（正面）
將2片內口袋布正面相對疊合後，縫合。
翻至正面，縫合返口。

縫製方法

① 本體（背面）內口袋（正面）袋底
將本體與內口袋的袋底疊合後，縫合中心。

② 本體（背面）藏針縫 內口袋（正面）本體（正面）袋底 中心
由袋底處摺疊，並將內口袋的兩側脇邊，以藏針縫固定於本體上。

③ 接縫子母釦。
本體（背面）本體（正面）子母釦（凹面）
①將本體的兩側脇邊進行藏針縫。

②將袋蓋的周圍縫合一圈。

享受樂趣的手作小物
夏威夷拼布

25

26

蘭花與緬梔花波奇包

將1朵花製作成1片花樣，並以壓線線條表現花瓣的形狀。鮮艷的花色彷彿將為手提袋中帶來幾分華麗感。

設計‧製作／ハンフリーズ 深雪
10.5×19cm

波奇包

材料（1件的用量）
各式貼布縫用布片　葉子用布 25×20cm　台布 55×30cm（包含滾邊部分）
25cm 拉鍊1條　裡袋用布、舖棉、胚布各 30×25cm

作法順序
於台布上進行貼布縫之後，製作表布→疊放上舖棉與胚布之後，
進行壓線→將周圍進行滾邊→依照圖示進行縫製。

※原寸圖案B面⑩。

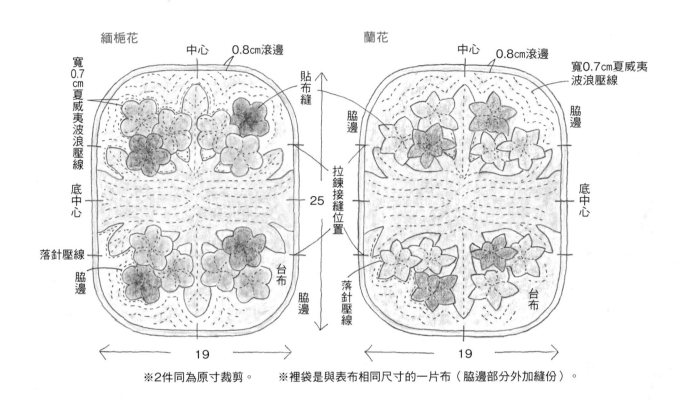

緬梔花　　中心　0.8cm滾邊　　　　蘭花　　中心　0.8cm滾邊

寬0.7cm夏威夷波浪壓線
脅邊
貼布縫
拉鍊接縫位置
底中心
落針壓線
脅邊
台布
25
19

寬0.7cm夏威夷波浪壓線
脅邊
底中心
落針壓線
脅邊
台布
19

※2件同為原寸裁剪。　　※裡袋是與表布相同尺寸的一片布（脅邊部分外加縫份）。

縫製方法

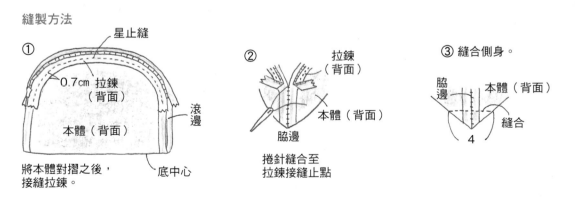

① 星止縫
0.7cm 拉鍊（背面）
本體（背面）
滾邊
底中心
將本體對摺之後，
接縫拉鍊。

② 拉鍊（背面）
本體（背面）
脅邊
捲針縫合至
拉鍊接縫止點

③ 縫合側身。
脅邊
本體（背面）
縫合
4

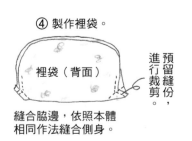

④ 製作裡袋。
裡袋（背面）
預留縫份，進行裁剪。
縫合脅邊，依照本體
相同作法縫合側身。

⑤ 將裡袋裝入本體內。
裡袋（背面）
本體（正面）
將本體與裡袋背面
相對疊合。

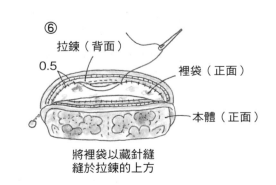

⑥ 拉鍊（背面）
0.5
裡袋（正面）
本體（正面）
將裡袋以藏針縫
縫於拉鍊的上方

火鶴花杯墊

將愛心造型的可愛形狀直接製成杯墊。細微的花朵部分是以MOLA民族風貼布縫（逆向貼布縫）進行描繪。令人忍不住想要多作好幾片不同顏色的杯墊。

設計／福田元子
製作／橋本由美子 福田元子
寬15.5cm

杯墊

材料（1件的用量）
台布35×20cm（包含胚布部分）
配色布10×5cm 舖棉20×20cm

※原寸圖案B面⑱。

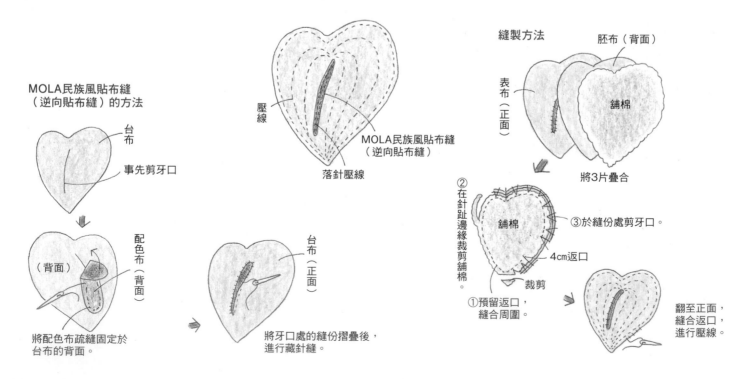

MOLA民族風貼布縫
（逆向貼布縫）的方法

台布
事先剪牙口

（背面）
配色布（背面）

將配色布疏縫固定於
台布的背面。

台布（正面）

將牙口處的縫份摺疊後，
進行藏針縫。

壓線
MOLA民族風貼布縫
（逆向貼布縫）
落針壓線

縫製方法
胚布（背面）
表布（正面）
舖棉

將3片疊合

② 在針趾邊緣裁剪舖棉
舖棉
③ 於縫份處剪牙口。
4cm返口
裁剪
① 預留返口，
縫合周圍。

翻至正面，
縫合返口，
進行壓線。

28

梔子花面紙盒套

在大片葉子的綠色襯托下，更顯美麗的梔子花，全都大量地彩繪於盒套上。
白色花朵以茶色底布，映照得清新秀麗，粉紅色花朵則以淺粉色底布映襯得
更加可愛。

設計・製作／高橋千春
12.5×24.5×6.5cm　作法P.92

令人想隨身攜帶的
成組手提袋

與手提袋成組製作的同款波奇包及零錢包，光是一起帶著
走，就讓人心情無比舒暢。此單元將為讀者介紹，攜帶自己
的手作包出門，心情也跟著開懷的作品。

攝影／腰塚良彥（P.29上）　山本和正

「NUBI努比布」手提袋與波奇包

使用纖細的直條紋壓線為其特徵的壓線布料、「NUBI努比
布」，製作出輕柔薄滿印象的手提袋與波奇包。將「德勒斯
登圓盤」花樣進行貼布縫的簡單設計，讓「NUBI努比布」的
質感更加生動。

設計・製作／きたむら恵子
手提袋 30×40cm　波奇包 12.5×22cm　作法P.86

貼布縫花樣為高雅小花紋的Tilda印花布。
以紫色的零碼布進行整合。

31

三角形拼接
手提袋與波奇包

以「雁行」的三角形花樣與直角三角形的花樣，製作成組的同款設計。在清爽的薄荷綠色調，搭配鮮豔色彩的零碼布，統整出繽紛絢麗的顏色。

設計・製作／喜治ゆう子

手提袋 24.5×35cm
波奇包 12.5×18cm

作法P.76

32

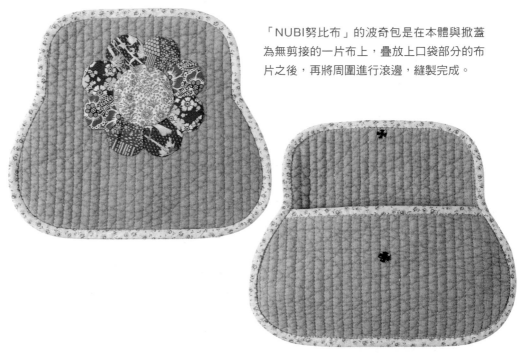

「NUBI努比布」的波奇包是在本體與掀蓋為無剪接的一片布上，疊放上口袋部分的布片之後，再將周圍進行滾邊，縫製完成。

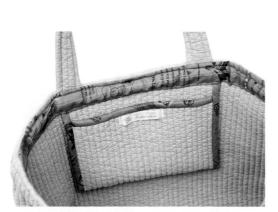

以「NUBI努比布」製作的內口袋，是在進行袋口的收邊處理時，一併包夾著接縫。

描繪美麗花樣的
「教堂之窗」

在摺疊的台布之七寶花樣的窗口，放入裝飾布之後，製成的教堂之窗。請盡情欣賞布片花色所呈現的美麗連續模樣。

攝影／腰塚良彥（流程）山本和正　插圖／三林よし子

碎白花紋與深藏青色的兔子花樣，令人感到清涼的掛軸風壁飾。花樣的尺寸是配合大花樣裝飾布的18×18cm。於上下側穿入軸棒，即可用來美麗地裝飾。

設計／橫田弘美　製作／加藤孝予
90×36cm　作法P.98

33

軸棒是以布片包捲，並接縫上以陶瓷珠與刺子繡線製作的流蘇。之後再穿入接縫於作品上下側的穿桿布之中。

㉞

中心的4片裝飾布是將白色花朵往中心處聚集。

使用色調平靜沈穩的綠色花樣布或素布進行配色的桌旗。宛如從中心處向外展開漸層似的，不僅只有裝飾布，連台布的色彩也隨之變化。

設計・製作／山野辺あみん
40×60cm

桌旗

●材料
各式裝飾布用布片 台布（淺綠色印花布12片份110×70cm 白底花樣布8片份110×45cm 象牙白印花布4片份45×45cm） 裡布 65×45cm 極薄型舖棉 50×35cm 滾邊用寬 5cm 斜布條 210cm 舖棉適量

●作法順序
參照P.36，製作24片「教堂之窗」的花樣→將花樣併接成6×4列，再將裝飾布藏針縫（參照P.61）→疊放上裡布，將周圍進行滾邊（參照P.66）。
※進行滾邊時，則將寬2cm的舖棉疊放在滾邊條的中心處。

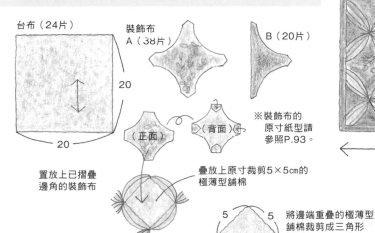

台布（24片）

裝飾布 A（38片）

B（20片）

20

20

20

（正面）

（背面）

置放上已摺疊邊角的裝飾布

疊放上原寸裁剪5×5cm的極薄型舖棉

※裝飾布的原寸紙型請參照P.93。

5   5

將邊端重疊的極薄型舖棉裁剪成三角形

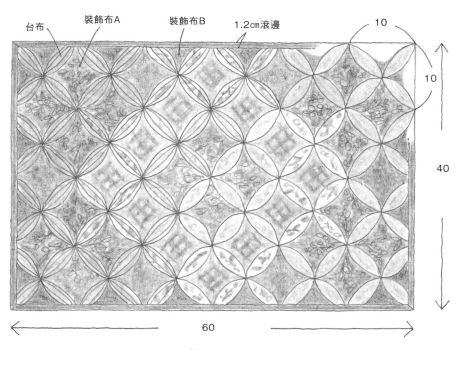

台布 　裝飾布A 　裝飾布B 　1.2cm滾邊 　10

10

10

40

60

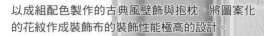

以成組配色製作的古典風壁飾與抱枕。將圖案化
的花紋作成裝飾布的裝飾性能極高的設計。

設計／山野辺あみん
製作／壁飾 鈴木道子　57×57cm
　　　抱枕 小泉昌子　45×45cm　作法P.93

（35）

（36）

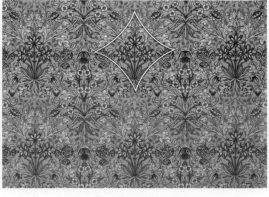

將花樣有規律地進行排列，
選擇圖案化的連續花樣的相
同花紋進行裁剪。

以零碼布運用的繽紛多色裝飾布，引人注目的手提袋。
將壓線完成的側身布片縫合固定在花樣上製成。

設計・製作／後藤洋子
31.5×44cm

手提袋

●材料
各式裝飾布用布片 台布110×115cm（包含提把、斜布條部分） A用布40×45cm 鋪棉75×35cm 裡袋用布、接著襯各75×50cm

●作法順序
參照P.36，製作24片「教堂之窗」的花樣→將花樣拼接成3×8列，將裝飾布進行藏針縫→製作提把與裡袋→接縫2片布片A，依照圖示進行縫製。

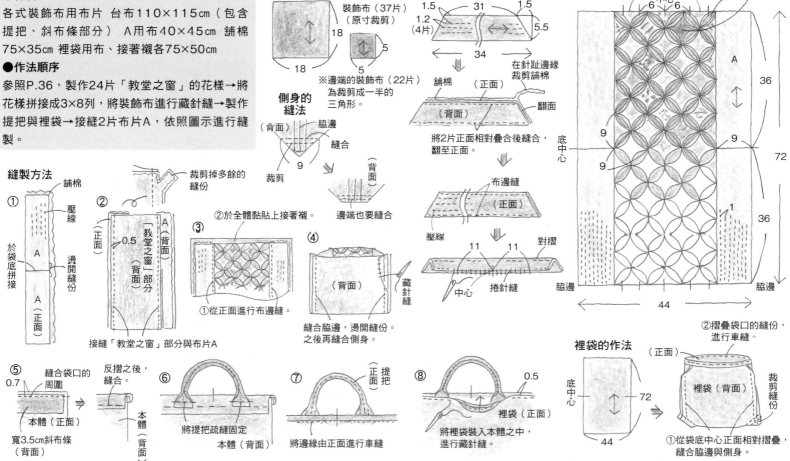

33

以磁磚花樣的黑白印花布與Blue的大花樣印花布為主角的摩登手提袋。「教堂之窗」的花樣與大花樣印花布交錯拼接後，組合成層次分明的色調。前後片將2種布片對調，提把亦使用2色。

設計・製作／伊藤洋子
36×37.5㎝　作法P.90

運用花朵圖案營造華麗感

裝飾布從大花到小花，運用各種玫瑰印花布。
台布上使用了白底印花布，只要一透光之後，
就會呈現出有如玫瑰花樣的玻璃窗。

設計・製作／塚本栄子（指導／松山敦子）
101.5×81.5cm　作法P.94

以華麗風的各式印花圖案布，製成了絢麗
多彩的壁飾。外側以深色系的印花表現濃
淡不同的視覺層次。

設計・製作／風間かほる
108×72cm　作法P.95

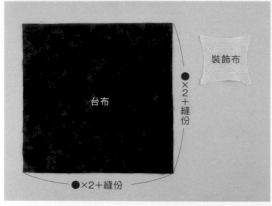 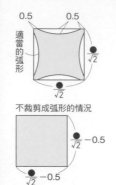

0.5　　0.5

適當的弧形

√2

√2

不裁剪成弧形的情況

√2 −0.5

√2 −0.5

裝飾布

台布

●×2＋縫份

●×2＋縫份

中心

準備台布與裝飾布。台布為花樣的完成尺寸（●）的2倍，外加縫份（0.7至1cm）之後，作裁剪。裝飾布則以原寸裁剪，裁剪成如圖所示的形狀。

燙衣板

① 將台布背面的記號以縫份骨筆的骨柄畫出褶線，摺入縫份後，用力地推壓出摺痕。亦可以熨斗進行燙摺。

可壓出摺痕、代替熨斗壓整縫份，便利好用的可樂牌Clover（株）縫份骨筆。

② 將4邊的縫份摺疊後，再於中心處作記號。

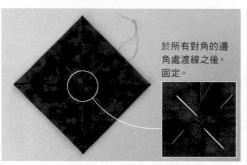

於所有對角的邊角處渡線之後，固定。

③ 將邊角對齊中心處，摺疊後，以珠針固定，並將中心縫合固定成十字形（事先進行休針）。此處亦以縫份骨筆壓出摺痕。

POINT

將邊角確實壓整後，只要作出銳利角度，即可完成美麗的成品。

④ 將步驟③反摺後，將事先休針的縫針於中心處出針。依照步驟③的相同作法，將邊角對齊中心處摺疊。

⑤ 於中心處所有對角的邊角處渡線之後，挑針2次進行固定。於背面側出針，作止縫結。

正面側　　　　　背面側

⑥ 花樣完成。將2片正面相對疊合，以強力夾固定。

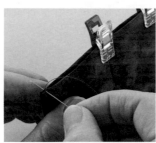 

始縫點是由正面入針，用力拉線後，將線結藏入內部。

⑦ 以細針目捲針縫進行拼接※。於邊端算起0.5cm內側出針後，縫合至邊端處。使用細軟的貼布縫專用手縫針，於布端處垂直入針後，再稍微挑針為重點。

※因為每縫一針就拉線，所以線的長度較短。

⑧ 待一邊用力拉線，一邊以捲針縫縫至邊端時，返回同樣進行捲針縫。

※拉線時，若剪線後，剩下的縫線短到無法打線結，可一邊將剩下的縫線捲入，一邊進行捲針縫。

⑨ 大量拼接時，可於每段拼接後，再行組合。

⑩ 將邊角對齊花樣的接縫處，置放上裝飾布，並以布用口紅膠，或是以珠針固定。請試著先放上裝飾布，若太大，可稍微裁剪邊角。

塗膠

布用口紅膠塗抹於幾處。

珠針固定於中心處。

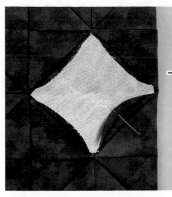
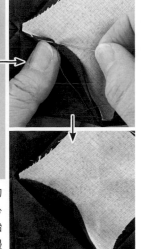
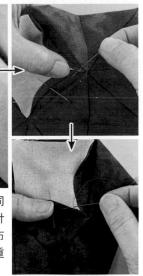

⑪ 將台布的一邊摺疊成平緩的弧線,再以珠針固定在中心處,由圓弧的中心附近開始藏針縫。以立針藏針縫至邊角。

⑫ 將下一個邊的台布依照相同作法摺疊固定,進行藏針縫。於邊角附近,使裝飾布的頂端隱藏之後,再稍微重疊所有的台布。

⑬ 將四邊藏針縫完成的模樣。只要令台布反摺的四邊寬度保持一致,即可縫製得整齊美觀。

縫合製作台布的方法

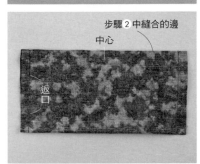
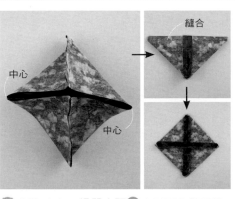

步驟❷中縫合的邊
中心
返口

① 將台布正面相對對摺,並於單邊預留返口之後,縫合兩側脇邊。

② 抓取中心,燙開步驟❶中已縫合的縫份。對齊❶的接縫處,縫合剩餘的邊,並燙開縫份。

③ 由返口翻至正面,並使用錐子整理邊角,以熨斗整燙。將返口縫合固定。

與摺疊的方法比較之後,台布顯得比較不會飄動,因此如同P.30的作品一樣,很適合用來製作大尺寸的花樣。

長方形的「教堂之窗」

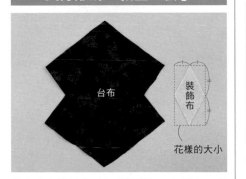

台布
裝飾布
花樣的大小

將台布與裝飾布(原寸裁剪)以如圖所示的形狀作準備。

| 將接縫處朝內側摺疊的情況 | 將接縫處朝外側摺疊的情況 |

④ 與摺疊的方法相同,將邊角朝向中心處摺疊,並將中心縫合固定之後,製作花樣。

以縫紉機車縫拼接花樣的方法

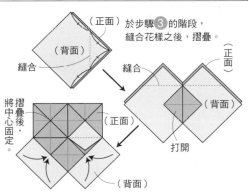

(正面) 於步驟❸的階段,縫合花樣之後,摺疊。
(背面)
縫合
(正面)
縫合
(背面)
將摺疊後中心固定。
(正面)
打開
(背面)

台布
花樣的大小
於周圍外加縫份

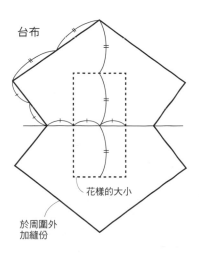
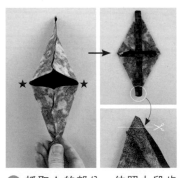

縫合
返口
★
★

① 將台布縱向正面相對對摺,並於一邊預留返口之後,縫合兩邊。

② 抓取★的部分,依照上段步驟❷的相同作法縫合。為了避免銳角的縫份過於厚重,因此稍微進行修剪。

③ 翻至正面,縫合固定返口,並整理形狀。將邊角朝向中心處摺疊,並將中心縫合固定。

④ 拼接花樣(上圖為4片),置放上裝飾布,摺疊台布之後,進行藏針縫。

37

運用拼布
搭配家飾

連載

攝影／山本和正　插圖／木村倫子

更加輕鬆地使用拼布裝飾居家，
由大畑美佳老師提案，
以能讓人感受到當季氛圍的拼布為主的美麗家飾。

41

42

43

44

男孩專屬的室內裝飾

想讓待在房間裡度過暑假生活，變得更加有趣，不妨作些帶有季節
感的室內裝飾吧！
將帆船的表布圖案與海中生物的貼布縫進行排列的壁飾，
瞬間為房間帶來有如夏天般的氛圍。
梗犬布玩偶或是用布製作的布球，
都是可用來玩耍及裝飾的有趣單品。
使用零碼布製作的蓬鬆小地毯，也請製作成床鋪大小尺寸的地墊。

若把壁飾鋪設在地板上，
亦可充當成遊戲墊使用。
顯色度良好的Blue帆船、烏龜、鯨魚、
海星等十分有趣的設計。
刻意避開使用過於稚氣的印花布，
而是以清爽舒適的配色為主。

使用6片檸檬造型的布片製作的布
球，內部裝有鈴鐺。
接縫吊耳，製作成便於小孩的小手
也能輕易拿取。

小地毯是在網格狀的止滑墊上，穿
過寬2.5cm的長條布片後製成。長
條布片利用止滑的效果，不會脫
落。

設計・製作／大畑美佳
壁飾製作／加藤るり子
壁飾 83.5×83.5cm
布玩偶 28×24cm
布球 寬14cm
小地毯45×80cm
作法P.40、P.41

僅以正方形的布片製作的梗犬布玩偶
亦可作為靠墊枕使用。

壁飾

材料

各式拼接用布片、貼布縫用布片 I用布 60×30cm K用布60×30cm J用布 25×10cm L用布60×60cm 舖棉、胚布 各90×90cm 滾邊用寬5.5cm 斜布條 340cm 25號繡線適量

作法順序

拼接布片A至HH'，製作12片帆船的表布圖案→製作8片於布片I上進行貼布縫與刺繡（參照P.88）的區塊→將表布圖案與貼布縫的區塊與布片J、K拼接，並於周圍接縫上布片L與表布圖案之後，製作表布→疊放上舖棉與胚布之後，進行壓線→將周圍進行滾邊（參照P.66）。

※表布圖案的原寸紙型與貼布縫圖案A面⑤。

1.3cm滾邊

刺繡　J　貼布縫　I

落針壓線

※刺繡除了指定以外，皆取3股線

表布圖案的縫合順序

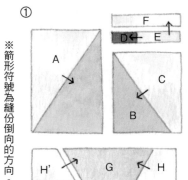

※箭形符號為縫份倒向的方向。

①

F
D E
A
C
B
H' G H

②

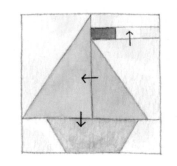

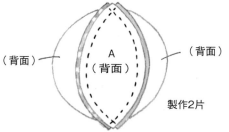

布球

材料

6種A用布各25×10cm 鈴鐺1個 寬2cm 緞帶 10cm 厚紙板、手藝填充棉花各適量

※布片A原寸紙型B面②。

1. 裁剪布片

（6片）

合印記號

A

2. 將3片布片A正面相對縫合

（背面）　（背面）

A（背面）

製作2片

3. 將2片正面相對縫合

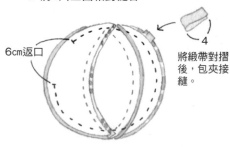

6cm返口

將緞帶對摺後，包夾接縫。

4. 將棉花與盒子塞入之後，縫合返口

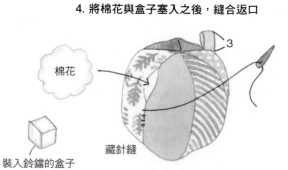

棉花

藏針縫

裝入鈴鐺的盒子

盒子

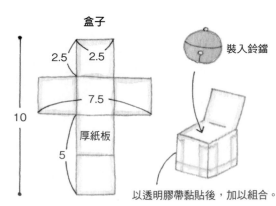

2.5　2.5

7.5

10

厚紙板

5

裝入鈴鐺

以透明膠帶黏貼後，加以組合。

布玩偶與小地毯

材料

布玩偶 各式拼接用布片 舖棉、裡布
各125×40cm 直徑1cm 背孔釦 2顆
寬2cm 緞帶 95cm 手藝填充棉花適
量 小地毯 各式布片 止滑墊45×80cm

布玩偶的作法順序

拼接布片A，製作2片側面與側身的表
布→疊放上舖棉與胚布之後，進行壓
線→依照圖示進行縫製。

布玩偶

1. 拼接布片A，進行壓線，製作側面與側身。

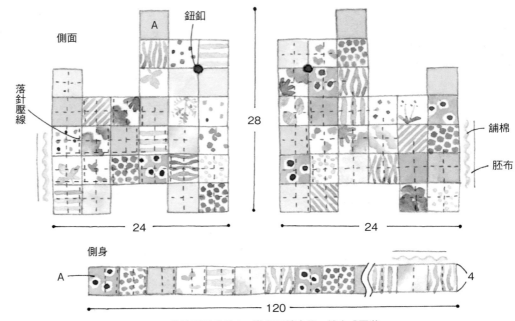

側面
A
鈕釦
落針壓線
舖棉
胚布
28
24
24

側身
A
120
4

拼接30片布片A，進行壓線之後，縫合成圈狀。

2. 將側面與側身正面相對縫合一圈。

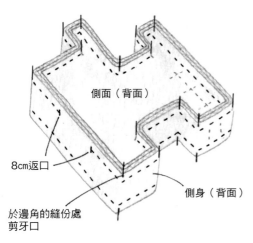

側面（背面）
8cm返口
側身（背面）
於邊角的縫份處剪牙口

3. 翻至正面，填塞棉花，縫合返口。

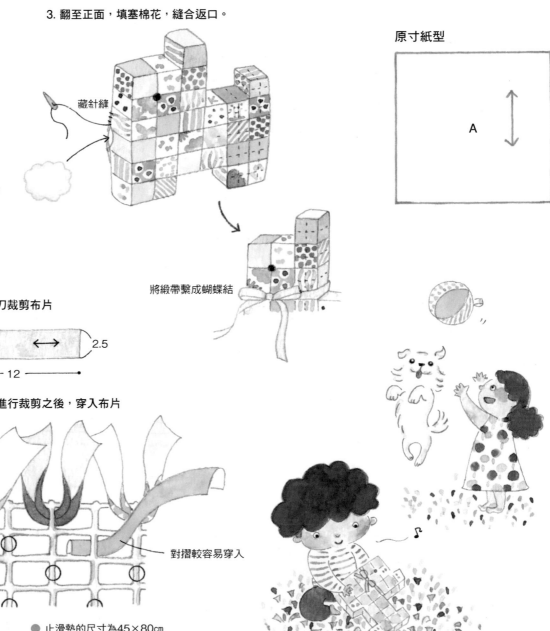

藏針縫

將緞帶繫成蝴蝶結

原寸紙型

A

小地毯

1. 以裁布輪刀裁剪布片

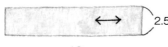

2.5
12

2. 將止滑墊進行裁剪之後，穿入布片

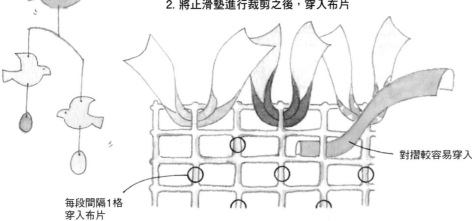

對摺較容易穿入

每段間隔1格穿入布片

● 止滑墊的尺寸為45×80cm
● 布片只要穿過去就不會脫落

攝影／腰塚良彥 藤田律子 山本和正

想要製作、傳承的
傳統拼布

在此介紹長年以來一直持續鑽研拼布的有岡
由利子老師，所製作的傳統圖案美式風格拼
布。正因為我們身處於這個世代，更讓人想
要返璞歸真，製作出懷舊且樸質的拼布。

45

46

la poupée

E
M
P

「小孩學習縫製的布玩偶拼布被」

在19世紀的美國，女孩一到了10歲左右，媽媽及奶奶就會使用「九宮格」作為拼布製作的基礎，教導
女孩們布片裁剪、拼接、壓線的技巧。那時廣被製作的拼布，就是小小的布玩偶拼布被。當時的拼布為生活必需用品。
由於是用來取代棉被及毛毯，也會重疊幾件使用，因此女孩子直到出嫁前，自然會累積製作至少約12件拼布表布的習慣。
上圖的拼布則是組合了「九宮格」與「雪球」圖案，並以明亮的1930年代復刻色彩，進行了可愛的配色。亦加入了零碼布製作的布球。

設計・製作／有岡由利子　拼布 65.5×50.5cm　布球 直徑約11.5cm　作法P.45

玩布娃娃遊戲使用的布玩偶拼布被

布玩偶拼布被通常都在以洋娃娃或布偶玩遊戲時使用。平時也有使用，一定都清洗了好多遍吧？以作為復古拼布來說，剩下的作品相當的少。P.42的拼布非常適合用來當作布偶的棉被使用，或是充當與布娃娃玩遊戲時的地墊。試著為小小孩製作一件吧！

有時也會有將大型拼布翻新重製的情況……

右圖是將舊拼布沒破損的部分裁剪下來，重新滾邊之後，製作而成的布玩偶拼布被。應該是媽媽或奶奶為了孩子製作的吧！

在布料不充裕的19世紀，布玩偶拼布被是使用變小穿不下的童裝、剩餘的布片、舊衣服沒破損的部分製成。現代製作的布玩偶拼布被，不妨也試著利用充滿回憶的衣服或剩下的布料製作。

經常被使用於布玩偶拼布被表布圖案上的「九宮格」圖案

為小孩子親手縫製的簡單圖案，將9片正方形拼接而成的「九宮格」則經常被使用。至今也仍然作為拼布的基礎，為大家熟悉的表布圖案。美國的洋娃娃非常大型，布玩偶拼布被也較為大件，與其大量製作表布圖案，不如搭配格狀長條飾邊或飾邊條，使尺寸變大的設計，更令人喜愛。

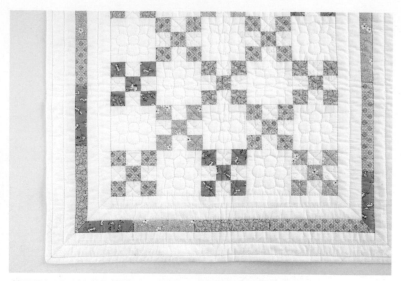

利用添加運用於表布圖案上之零碼布的寬版飾邊條進行統整。

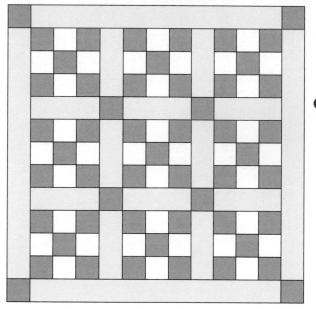

將使用了各種零碼布的表布圖案，以格狀長條飾邊進行統整。

製成復古布玩偶拼布風的「九宮格」圖案的設計變化

將表布圖案斜向配置後，再將素面區塊進行組合。飾邊的四個角落的正方形，使用了表布圖案的布片。

於表布圖案的周圍，接縫了三角形布片的「完美九宮格」（on point ninepatch）。

將用於區塊上的剩餘布片，運用在飾邊上。

將縱向排列表布圖案的帶狀布拼接而成的「條狀九宮格」。

布玩偶拼布被與布球

●材料

布玩偶拼布被 各式拼接用布片 D、E用布60×20cm F、G用布 70×70cm（包含滾邊部分）舖棉、胚布各70×55cm

布球 A用布20×15cm 各種B用布 手藝填充棉花適量

●作法順序

布玩偶拼布被 進行拼接之後，製作「九宮格」與「雪球」的必要 片數（由記號處縫合至記號處）→將表布圖案交替拼接成5×7列 →於周圍接縫上布片D至G之後，製作表布→疊放上舖棉與胚布之 後，進行壓線→將周圍進行滾邊（參照P.66）。

※布球的作法參照圖示。一律由記號處縫合至記號處。

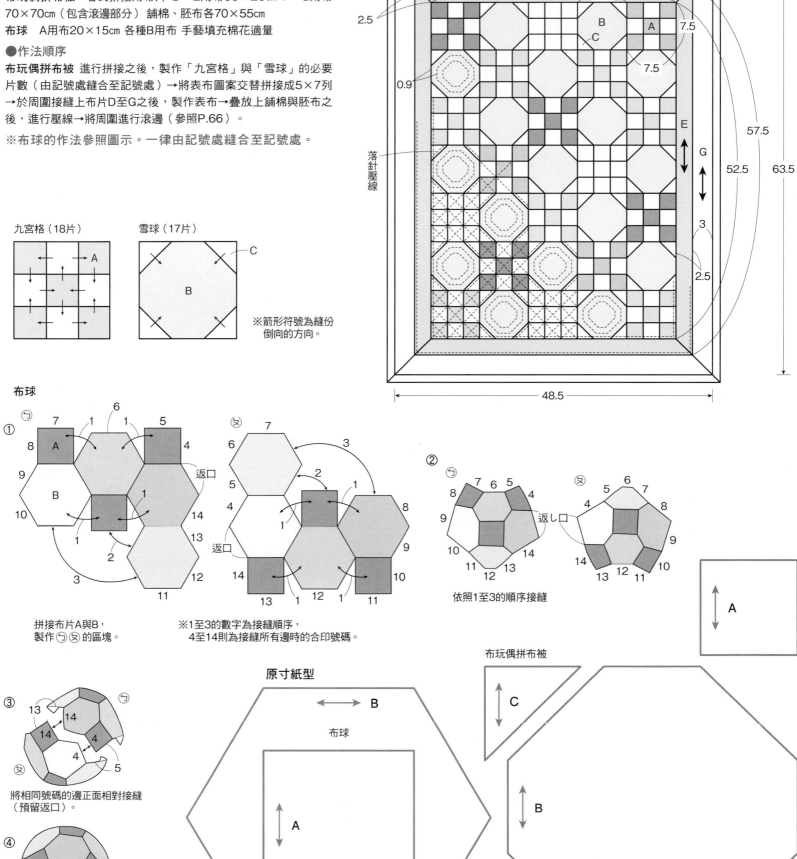

九宮格（18片）　雪球（17片）

※箭形符號為縫份 倒向的方向。

布玩偶拼布被　1cm滾邊

落針壓線

布球

拼接布片A與B， 製作つ叉的區塊。

※1至3的數字為接縫順序， 4至14則為接縫所有邊時的合印號碼。

依照1至3的順序接縫

將相同號碼的邊正面相對接縫 （預留返口）。

翻至正面， 填塞手藝棉花， 縫合返口。

原寸紙型

布球

布玩偶拼布被

攝影／腰塚良彥（P.46下）　山本和正

生活手作小物

⑪

紫陽花壁飾

將使用粉紅色及紫色混染布進行配色的花朵，配置成球形後，再將中心以八字結粒繡填滿，藉以表現出茂密繁盛的繡球花模樣。將周圍的葉子向外延伸般的接縫上去，呈現立體感。

設計・製作／熊谷和子（うさぎのしっぽ）
66.5×77.5cm

作法 P.101

◆運用花樣及色彩享受樂趣的夏日家飾◆

⑱

茶點餐墊

在甜點圖案的印花布，搭配杯裝冰淇淋的花樣，使點心時間變得更有樂趣的餐墊。雪酪色調特別適合夏日時節。

設計・製作／青木朱里　25×30cm

作法 P.89

◆夏日外出手提袋◆

(49)

(50)

束口手提袋

以蕾絲布與白色印花布，搭配Liberty印花布，完成配色甜美的手提袋，接縫白色提把最搭調。沿著袋口接縫玫瑰圖案印花布作成的束口袋口布，增添高雅韻味。

設計・製作／きたむら恵子
No.49 21×42cm　No.50 19×33cm
作法 P.99

沿著袋口接縫束口袋口布，不使用時，可貼合袋身壓入袋底，讓手提袋顯得十分清爽俐落。

「內城」圖案手提袋

以Kaffe Fassett印花布與淺色素布，完成「內城」圖案手提袋。以一整片大花圖案印花布裁剪布片。

設計・製作／野原みゆき（指導／中村麻早希）
24.5×36cm

作法 P.100

後片活用大花圖案，以印花布與素布剪接
完成設計。

袋口安裝了漂亮裝飾的磁鈕。

拼接教室

密蘇里州雛菊

圖案難易度

🌸🌸🌸🌸🌸🌸

以美國密蘇里州命名，狀似檸檬星的花朵圖案。圍繞中心的八角形布片，接縫8片尖角狀布片構成花瓣，完成模樣可愛的花朵。花瓣部分使用同色系布片，彙整完成的圖案也不會顯得單調。

指導／南 久美子

附針插
線軸收納套

圖案周圍的布片作成扇形邊飾狀，正面相對縫合鋪棉與胚布，以2片不同組合變化的表布縫製完成。疊合2片表布，縫合中心部位，塞入天然羊毛，完成針插部位，周圍收納線軸。

設計・製作／南 久美子
21.5×21.5cm　作法P.52

詳細解說
製作步驟

52

在《南 久美子のモチーフつなぎのかわいいパッチワーク》著作P.87中附有詳細介紹。

長繩圈穿過線軸中央的孔洞之後扣住鈕釦，短繩圈扣住鈕釦確實固定。

固定住線軸，可直接拉出縫線，使用超方便。

（53）

花朵&愛心圖案壁飾

圖案中心的布片進行貼布縫，縫上圓形與流蘇狀布片，完成表情豐富的花心。以心形貼布縫、壓線圖案、周圍的扇形邊飾，彙整完成感覺十分甜美可愛的壁飾。

設計・製作／南 久美子　55.5×55.5cm
作法P.96

以織帶連結心形貼布縫圖案，進行回針繡完成滾邊，圖案顯得更加立體。

區塊的縫法

拼接8片A布片，接縫成圈，周圍凹處以鑲嵌拼縫縫上B與C布片。中心進行貼布縫縫上D布片。進行鑲嵌拼縫時，確實對齊角上，進行回針縫，將A布片凹處的角上部位縫得更加尖挺漂亮。中心進行貼布縫時也一樣，確實對齊記號，仔細地縫合，避免邊角部位錯開位置。

✻ 縫份倒向

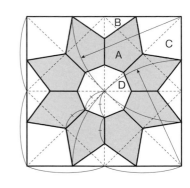

1 準備8片A布片。布片背面疊合紙型，作上記號，預留縫份0.7cm，進行裁布。

2 正面相對疊合相鄰的2片布片，對齊記號，以珠針固定兩端與中心。由記號開始，進行一針回針縫之後，進行平針縫，縫至記號，再進行一針回針縫。

3 A布片縫份倒向同一方向。拼接8片布片之後，在上下左右的凹處進行鑲嵌拼縫，縫上B布片。

4 正面相對疊合，先對齊第一邊的記號，以珠針固定兩端與中心。避開A布片縫份。

5 由布端開始，進行一針回針縫，開始拼縫，避開縫份，縫至角上，再進行回針縫。下一邊作法相同，以珠針固定，縫至布端。

6 縫份一起倒向A布片側。四個角上部位的凹處進行鑲嵌拼縫，縫上C布片。縫份倒向A布片側。

7 疊合紙型，在中心作記號，標註D布片的貼布縫位置。

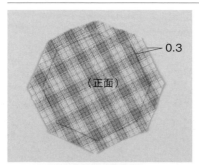

8 在布片正面描畫記號，預留縫份0.3cm，裁剪D布片。

— 0.3
（正面）

9 對齊步驟7作記號標註位置的角上部位，穿入珠針，避免錯開位置狀態下，以貼布縫用珠針重新固定。

10 一邊以針尖摺入縫份，一邊進行藏針縫。縫合角上部位，縫針由頂點穿出，確實地挑縫。

P.49 附針插線軸收納套

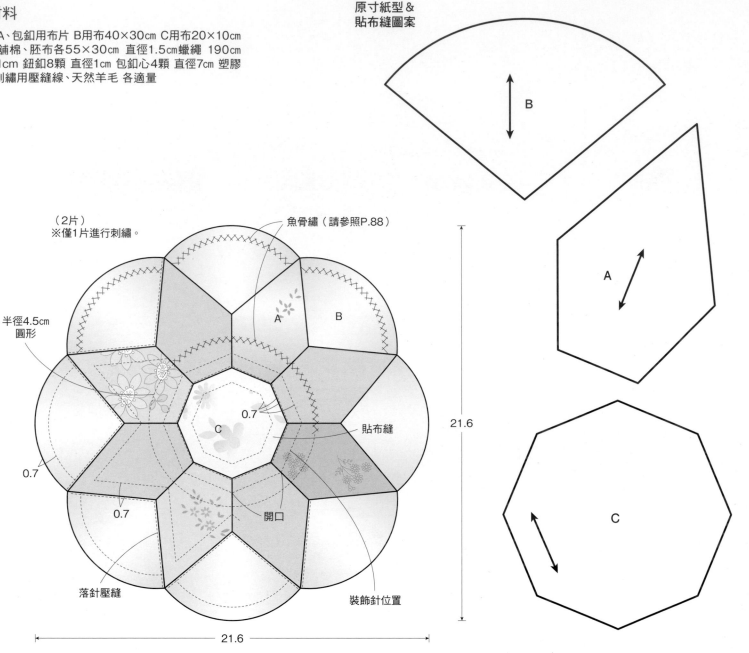

附針插線軸收納套配置圖（單位為cm）
※除了註記為原寸裁剪外，其餘皆需外加縫份。

●材料

各式A、包釦用布片 B用布40×30cm C用布20×10cm
單膠舖棉、胚布各55×30cm 直徑1.5cm蠟繩 190cm
直徑1cm 鈕釦8顆 直徑1cm 包釦心4顆 直徑7cm 塑膠
板、刺繡用壓縫線、天然羊毛 各適量

原寸紙型&
貼布縫圖案

B

A

C

（2片）
※僅1片進行刺繡。

魚骨繡（請參照P.88）

半徑4.5cm
圓形

A

B

C

0.7

貼布縫

0.7

0.7

0.7

開口

落針壓縫

裝飾針位置

21.6

21.6

1　製作表布。

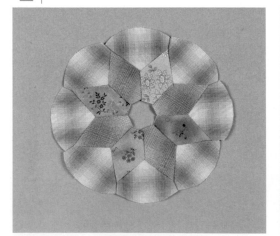

拼接8片A布片，周圍凹處以鑲嵌拼縫縫上B布片，
完成2片表布。

2　疊合舖棉與胚布，進行縫合。

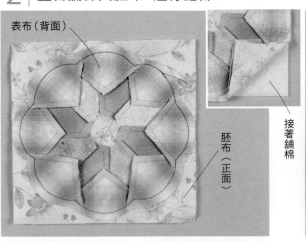

表布（背面）

胚布（正面）

接著舖棉

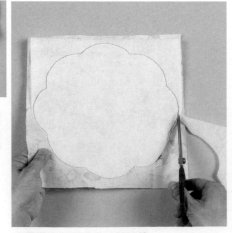

正面相對疊合表布與胚布，接著面朝下疊合舖棉，沿
著周圍記號進行車縫。

沿著縫合針目邊緣修剪舖棉。

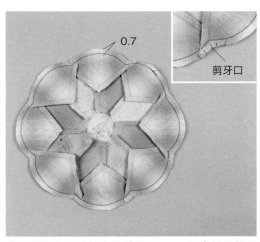

0.7

剪牙口

表布與裡布縫份整齊修剪成0.7cm。凹處縫份剪牙口幾處。

3 翻向正面，進行貼布縫。

由中心的孔洞翻向正面。沿著周圍曲線，以骨筆調整形狀。

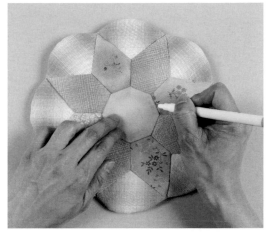

中心疊合C布片紙型，以筆描畫貼布縫位置。

進行貼布縫，縫上C布片（請參照P.51），以熨斗壓燙，黏合舖棉。

4 描畫壓縫線。

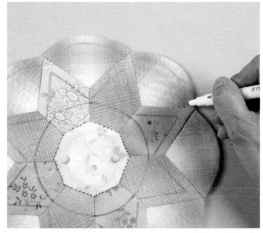

直線部位使用定規尺，中心圓形分別疊合紙型，描畫記號。沿著周圍徒手描畫曲線。

5 描畫疏縫線。

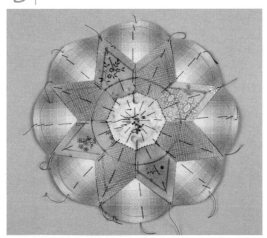

挑縫3層，進行疏縫。以十字形、兩者間順序，由內往外，依序疏縫成放射狀。

6 進行壓線。

慣用手中指套上頂針器，一邊推壓針頭，一邊挑縫2、3針，縫上整齊漂亮針目。

7 進行刺繡。

以曲線部位壓縫線為中心，進行魚骨繡。僅其中一片進行刺繡，另一片不刺繡。

8 | 製作繩圈與鈕釦,依序固定。

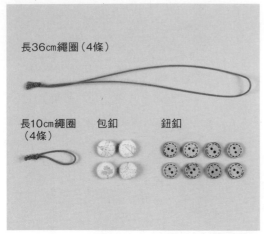

長36cm繩圈(4條)

長10cm繩圈 包釦 鈕釦
(4條)

長36cm與10cm線繩各4條,分別打結作成繩圈。準備4顆包釦與8顆鈕釦。

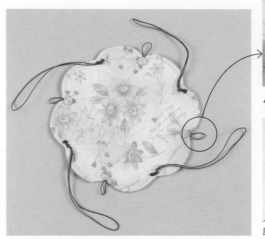

未刺繡的本體背面側凹處,交互縫上2種繩圈。縫好短繩圈之後,疊合包釦,進行藏針縫。

包釦作法

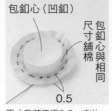 

包釦心(凹釦)

尺寸舖棉 包釦心與相同

0.5

原寸裁剪直徑2.5cm布片,沿著周圍進行平針縫,背面疊合舖棉與包釦心。

拉緊平針縫線(左)。一邊挑縫拉緊縫線形成的皺褶,一邊繞縫一圈後打結。

9 | 縫合2片。

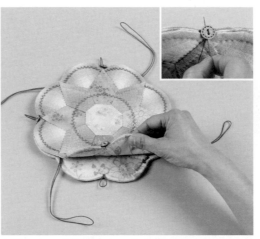

本體完成刺繡,4個凹處分別縫合固定包釦。

刺繡在上,未刺繡在下,背面相對疊合2片本體。鈕釦與短繩圈對齊,縫針穿線一起穿縫2片,穿過長繩圈凹處,縫上鈕釦。

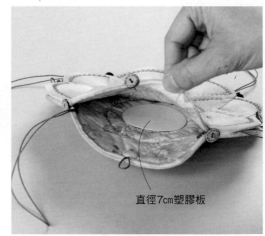

直徑7cm塑膠板

準備直徑7cm塑膠板,塗膠暫時固定於本體(下)中心。

作記號標出裝飾針位置,一邊預留開口,進行車縫。

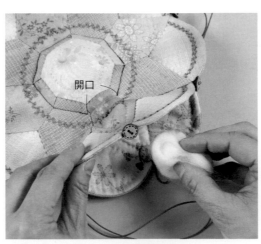

開口

由開口塞入天然羊毛至整個蓬起為止。

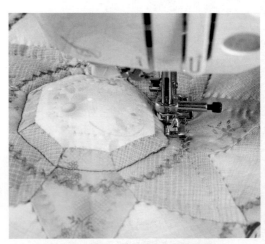

改換車縫拉鍊的壓腳,沿著開口進行車縫。

拼接教室

大草原之花

指導／島崎嘉代子

圖案難易度

只需拼接直線，以布片具體地表現花朵形狀的圖案。以4片本壘板形狀A布片為花瓣，中心的D布片為花心，再以角上的C布片進行配色表現葉片。簡潔俐落的設計，使用具有方向性的花樣與大花圖案等，整體意象更加生動活潑。

玫瑰花繽紛綻放的壁飾

分割區塊，完成不同組合變化的圖案，搭配同為三分割的圖案，交互排列構成壁飾。葉片宛如格柵，接縫連接花朵。以玫瑰意象完成配色，花朵部分重複進行玫瑰刺繡。

設計／島崎嘉代子　製作／渡辺アサヨ
170.5×140.5cm　作法P.97

54

以藍色花為主角的托特包

以大花圖案配色的花朵吸引目光的手提袋。裁剪橫條紋布片，對花接縫完成葉片，構成賞心悅目的十字形模樣。袋口裁成曲線狀，花模樣的壓線進行白玉拼布，沿著袋口縫合滾邊繩成為重點裝飾。

設計・製作／島崎嘉代子　　34×36cm　　作法P.58

(55)

詳細解說
製作步驟

P.55壁飾圖案是分割葉片與花心區塊的組合變化。以大花樣玫瑰圖案印花布裁剪花瓣用布片，再以同色繡線重複進行刺繡，完成一大朵玫瑰花。

以裡側貼邊處理袋口而更加清爽俐落。先沿著袋口縫合固定滾邊繩，再以藏針縫縫上袋口裡側貼邊，簡單縫製就完成漂亮手提袋。

後片袋身進行壓線，完成大朵玫瑰花與葉片圖案。

區塊的縫法

只需拼縫直線，縫法比較簡單的圖案。分別完成4個AB與BC區塊，接縫8個區塊與1片D布片，完成3個帶狀區塊。彙整區塊時，避免弄錯方向，接縫時以珠針確實固定，避免接縫處錯開位置。

＊縫份倒向

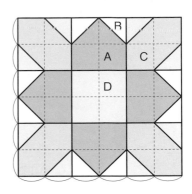

1 準備1片A布片、2片B布片。布片背面疊合紙型，以2B鉛筆等作記號，預留縫份約0.7cm，進行裁布。

2 A布片脇邊正面相對疊合B布片，對齊記號，以珠針固定兩端與中心。

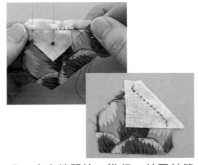

3 由布端開始，進行一針回針縫之後，進行平針縫。縫至布端為止，縫合終點也進行一針回針縫。縫份整齊修剪成0.6cm左右。

4 縫份倒向A布片側，正面相對疊合左側的B布片，如同右側作法，完成拼縫。縫份一起倒向A布片側。共製作4片。

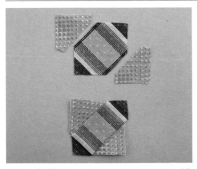

5 準備1片C布片與2片B布片，接縫於兩側。縫份倒向C布片側。共製作4片。

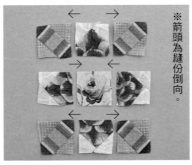

6 AB與BC區塊各4片，D布片1片，依序並排，分別接縫成3個帶狀區塊。避免弄錯區塊的方向。

※箭頭為縫份倒向。

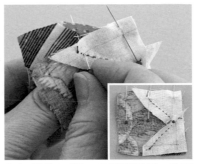

7 接縫AB與BC區塊要點是，確實對齊接縫處。正面相對疊合區塊，以珠針固定接縫處，固定珠針時也看著正面。

8 由布端開始拼縫，接縫處進行一針回針縫。

避開接縫處縫份的方法

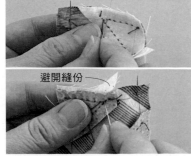

縫至接縫處為止，進行一針回針縫，縫針垂直穿入，穿向另一側（上）。縫針由另一側穿入接縫處的樣貌（下）。

縫針由此側接縫處穿出（上）。拉緊縫線，再次展開拼縫（下）。

9 完成3個帶狀區塊的樣貌。接縫這3個帶狀區塊。

10 正面相對疊合帶狀區塊，對齊兩端與接縫處，以珠針固定。進行平針縫，如同步驟8，接縫處進行一針回針縫。

57

P.56 手提袋

●材料

各式拼接用布片 E至G用布90×40cm（包含袋口裡側貼邊部分） 舖棉、胚布各 85×45cm 滾邊繩用寬2.5cm 斜布條、直徑0.3cm 線繩各 90cm 直徑1.8cm 縫式磁釦1組 長42cm 提把1 組 並太毛線適量

※E布片與袋口裡側貼邊原寸紙型、壓線圖案、 G布片的曲線圖案紙型A面⑥。

原寸紙型

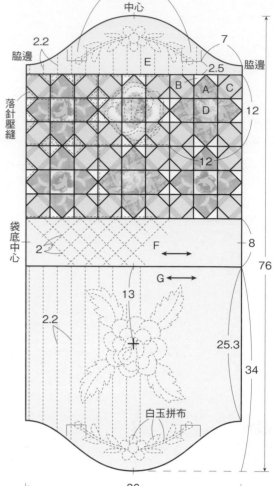

提把接縫位置
中心
2.2
脇邊
7
脇邊
2.5
落針壓縫
12
12
袋底中心
2
F
8
G
76
13
2.2
25.3
34
白玉拼布
36

---

1 表布描畫完成線與壓縫線。

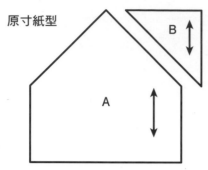

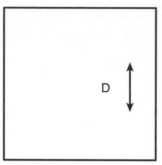

※箭頭為縫份倒向。

接縫6片圖案與E至G布片，完成表布。描畫周圍的完成線與壓縫線。

描畫完成線，先由背面側，以手藝筆在角上與中心等重要部位，作上點記號，再由正面側，沿著點記號，以定規尺或E布片紙型，依序描畫。

磁釦固定方法

3出
1出
2入

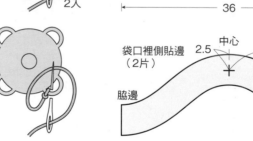

袋口裡側貼邊（2片）
中心
2.5
磁釦固定位置
脇邊
脇邊
13.5

圖案疊合描圖紙，以記號筆描繪圖案。
中心
E布片的線條

描畫花朵的壓縫線，描畫圖案的描圖紙，疊合表布，以珠針固定，以記號筆描繪圖案。描好圖案的樣貌。

描畫方格或直線條時，使用定規尺。

2 進行疏縫、壓線。

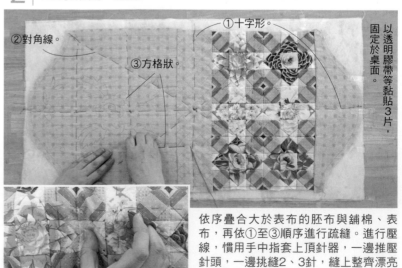

②對角線。
①十字形。
③方格狀。

以透明膠帶等黏貼3片，固定於桌面。

依序疊合大於表布的胚布與舖棉、表布，再依①至③順序進行疏縫。進行壓線，慣用手中指套上頂針器，一邊推壓針頭，一邊挑縫2、3針，縫上整齊漂亮的針目。

3 | 進行白玉拼布。

花與葉

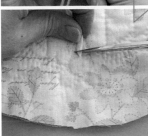

毛線針穿上毛線，取2股，由模樣端部穿入，由另一端穿出（左上）。稍微拉緊毛線，預留少許線頭，剪線（左下）。相鄰圖案也以相同作法入針穿入毛線。花心穿3次，花瓣與圓形花蕾穿2次，葉片穿1次。

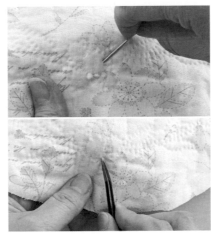

所有壓線圖案都穿入毛線之後，如同上圖作法入針，挑動壓線圖案之中的毛線處理得更平均（上）。毛線露出時，以鑷子等塞入壓線圖案。

長枝條

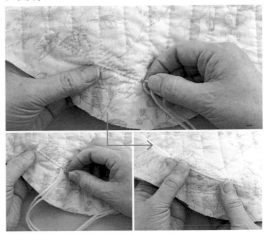

由枝條端部入針，縫針穿至中途暫時穿出（上）。縫針再次穿入相同位置，穿至另一端之後穿出（左）。拉緊毛線，以手指輕刮使毛線更平均後剪線。

4 | 在背面側作記號標出脇邊的完成線。

手藝用複寫紙的複寫面

清楚角上位置
作上記號

胚布底下疊合手藝用複寫紙，以點線器描畫，使記號出現於背面側。

5 | 對摺布片，縫合脇邊。

修剪袋口的多餘部分，正面相對由袋底中心摺疊，對齊脇邊記號，以珠針固定。固定時也看著正面，避免F布片的接縫處錯開位置。

沿著脇邊記號進行車縫。車縫靠印時取下珠針。手縫時則進行回針縫。

6 | 處理縫份。

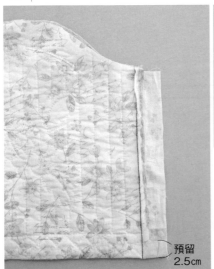

預留2.5cm

其中一片保留，將胚布縫份整齊修剪成1cm（舖棉再多修剪一點）。下部胚布預留約2.5cm，留成L形。以預留縫份的胚布包覆縫份，進行藏針縫。

7 | 縫合側身。

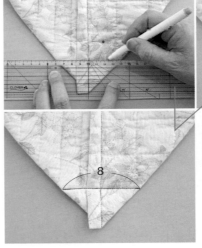

8

以脇邊為中心，摺成三角形，擺好定規尺，沿著寬8cm處畫線。進行車縫，沿著縫合針目摺向袋底側，進行藏針縫。

8 製作滾邊繩。

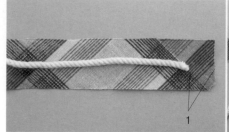

寬2.5cm斜布條背面疊合繩帶，對摺斜布條，沿著繩帶邊緣，以疏縫線進行粗針縫。縫合起點的繩端內縮1cm，斜斜地摺疊斜布條端部。

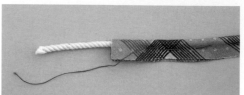

縫合終點的繩端
留長一點。

9 將滾邊繩縫於本體。

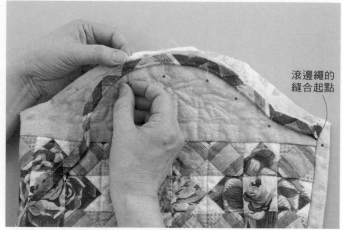

滾邊繩的
縫合起點

本體袋口疊合滾邊繩，由脇邊開始縫合固定。對齊袋口記號與疏縫針目，以珠針固定。

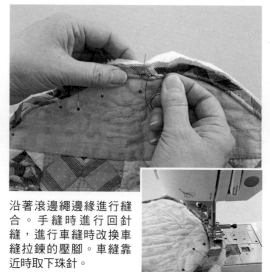

縫合終點重疊起點約1cm，修剪多餘部分，拉出滾邊繩，修剪1cm（上）。如下圖示，朝內側斜斜地摺疊，以珠針固定。

沿著滾邊繩邊緣進行縫合。手縫時進行回針縫，進行車縫時改換車縫拉鍊的壓腳。車縫靠近時取下珠針。

10 製作袋口裡側貼邊。

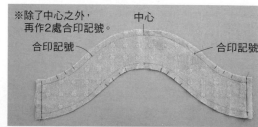

※除了中心之外，再作2處合印記號。

中心

合印記號　　　　　　　　　　　合印記號

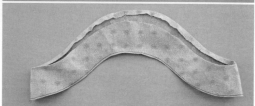

正面相對疊合2片，縫合脇邊（燙開縫份）。凹處曲線縫份剪牙口。以熨斗摺疊上下縫份，沿著下端進行車縫。

---

11 將袋口裡側貼邊縫於本體。

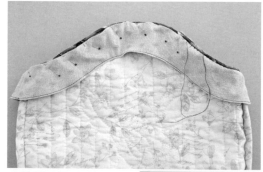

整齊修剪袋口縫份，將滾邊繩翻向正面。袋口背面側疊合袋口裡側貼邊，以珠針固定脇邊、中心、合印記號，沿著滾邊繩邊緣縫合固定。

12 接縫提把。

提把邊端摺疊約0.5cm，以疏縫線進行接縫，袋口裡側貼邊往上避開，將提把疊合於指定位置，以珠針固定，以藏針縫縫合固定3邊。

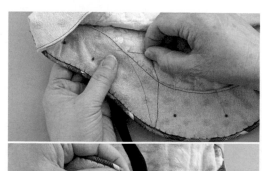

將袋口裡側貼邊下部縫合固定於內側。避免縫合針目出現於正面側。沿著袋口裡側貼邊上部約0.3cm處下方進行星止縫，避免縫份浮起。固定磁釦，完成手提袋。

拼布小建議

本期登場的老師們，
將為拼布愛好者介紹不可不知的實用製作訣竅，
可應用於各種作品，大大提昇完成度。

紙樣拼接法

指導／中山弘子

在描好圖案線條的台紙上，車縫固定布片的拼布圖案接縫技法。進行紙樣拼接法時，是看著台紙上的線條車縫，因此省略在布片上作記號的步驟。P.6拼接「法院的階梯」圖案，完成玄關地墊單元，對此技法有詳細的解說。

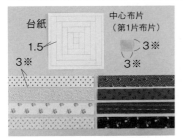

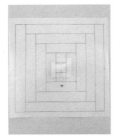
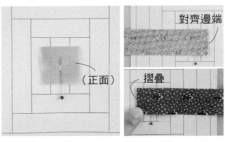
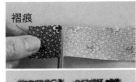

1 準備台紙（與P.6圖案所使用的布片數不同）、中心布片、裁成帶狀的周圍布片。
※尺寸為布片寬1.5cm＋縫份1.5cm。

製作多片時則影印圖案，準備台紙。描畫線條穿透至背面，背面也描繪圖案，疊合布片時更便利。

以描圖紙描繪圖案作為台紙更便利，布片清晰可見，更容易疊合布片。

2 中心布片疊合於台紙，以珠針固定。第2條帶狀布片疊合中心布片，對齊端部，摺疊成中心布片相同大小，摺出褶痕。

沿著端部與褶痕，裁成2片布片。第2片布片與中心布片相同大小，因此原寸裁剪成3cm正方形亦可。

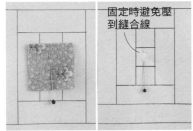
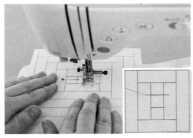
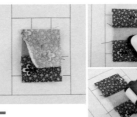

3 中心布片正面相對疊合第2片布片，以珠針固定。接著由台紙側固定，然後取下由布片側固定的珠針。

4 沿著台紙上線條進行車縫。由線條外側0.5cm開始，縫至外側為止，不進行回針縫。

5 布片翻向正面，另一片也以相同作法進行縫合。翻向背面之後，沿著縫合針目確實地摺疊，以熨斗壓燙。使用滾輪骨筆亦可。

6 縫合固定3片布片之後，將第3片布片修剪成相同長度。如同步驟2作法，裁成帶狀，縫合固定。

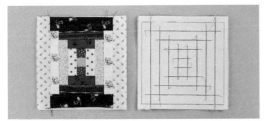
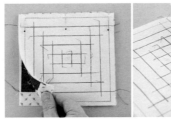
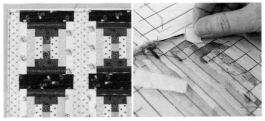

7 第4片起，所有布片皆以相同作法裁成帶狀，縫合固定於台紙。

8 布片縫合固定於台紙狀態下，正面相對疊合2個區塊，對齊記號，以珠針固定。進行車縫（車縫靠近時取下珠針）。

9 縫好必要數量的區塊之後，沿著周圍縫份進行車縫，避免布片延展。最後撕掉台紙。沿著縫合針目徹底撕掉。

教堂之窗裝飾片的縫合方法組合運用

指導／山野辺あみん

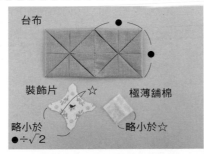
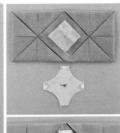
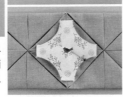

反摺台布，縫合固定於裝飾片時，端部預留0.5cm。裝飾片疊合極薄鋪棉，需避免影響台布褶痕美觀。

1 裝飾片略小於台布的疊合位置，4邊分別裁成曲線狀。中心疊合鋪棉，接著疊合摺角的裝飾片，以珠針固定。

2 反摺台布2邊，以珠針固定，距離端部0.5cm，併攏內側，2片一起挑縫2次（左上）。縫針垂直穿入，由背面側拉緊縫線（左下）。縫針由背面側穿向台布的端部，依序進行藏針縫（右）。

想學拼布，
你一定要擁有的
初學者最佳工具書

本書以照片圖解方式，讓初學者也能輕鬆上手學習拼布。
從最基本的拼布製作必備工具開始介紹、
初學者一定要懂的拼布基礎用語、製作基礎，
並詳細教學基礎縫法、壓線技巧等超實用技法，
讓想要自學拼布的新手們，也能自信上手。
全書收錄 36 款拼布初學者必學的圖形，搭配 39 款實作作品，
只要跟著書中的圖說教學，就能動手作出自己想要的作品。
書內收錄作品附有詳細圖解作法、基本教學，內附紙型＆圖案，
讓我們試著將喜歡的布片，拼接起來，嘗試動手製作拼布吧！
製作拼布，能擁有與單片布作截然不同的超凡魅力，
並更能感受到手作的溫度，
希望本書能帶領您感受學習拼布的樂趣，
進而愛上與生俱來的手作成就感。

貼布縫創作精靈──Su廚娃

以小動物主題發想　自製手作包的第一本設計book

轉變之後的自己，開始明白：
作不來困難的事，就放過自己。
手作之路，只走直線，不轉彎，也可以。
車縫的時候，一條、兩條、三條，
管它有幾條，
我們，開心最重要。

── Su廚娃

　　以童趣風打造貼布縫創作，受到大眾喜愛的Su廚娃老師，以招牌人物---廚娃與各式各樣的可愛小動物，創作的貼布縫手作包設計書，是將既有拼布技法簡化，並改良成全新風格日常手作包的一大突破。

　　本書作品大多使用老師平時收集的小布片、好友贈送的皮革、原本想要淘汰的舊皮帶、衣物上的蕾絲等生活素材，搭配棉麻布、先染布、帆布等各式多元布材，製成每一個與眾不同的獨特包款，完全落實手作人追求的個人魅力，將可愛的小動物貼布縫圖案運用在日常實用的手作包，「因為買不到，所以最珍貴！」

　　書中收錄的每一款小動物及對應的廚娃，都是Su廚娃老師親自設計的配色及造型：可愛的羊駝與頭上頂著花椰菜的廚娃；勤勞的小蜜蜂與花朵造型廚娃是好朋友；平常較少出現在手作書裡的動物：浣熊、獅子、犀牛、恐龍等，在Su廚娃老師的創作筆下，也變得生動又可愛！

　　每一款小動物的擬人化過程裡，同時記錄著老師身邊的家人、朋友們的個性與特色，這樣的發想讓老師的貼布縫圖案更加鮮明有趣，亦令人在作品裡，感受到許多暖暖的人情味，就像是每個包，都寫著一個名字。

　　在製作新書的過程時，Su廚娃老師恰好開啟了她的獨自旅行挑戰，並帶著這些手作包一起走遍各地，在每一個包包的身上，刻劃著創作與旅行的回憶，老師以插畫、貼布縫、攝影留下這些關於創作的養分點滴，豐富收錄於書內圖文，喜歡廚娃的粉絲，絕對要收藏！

　　書內收錄基礎貼布縫教學及各式包包作法、基礎縫法，內附紙型及圖案。想與廚娃老師一樣將可愛的貼布縫圖案，運用在日常成為實用的手作包，在這本書裡，你一定可以找到很多共鳴！

好可愛手作包
廚娃の小動物貼布縫設計book
Su廚娃◎著
平裝132頁／20cm×21cm全彩／定價520元

一定要學會の 拼布基本功

基本工具

針
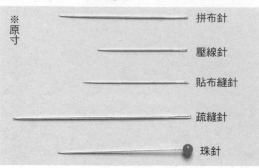

※原寸

- 拼布針
- 壓線針
- 貼布縫針
- 疏縫針
- 珠針

配合用途有各式各樣的針。拼布針為8至9號洋針，壓線針細且短，貼布縫針像絹針一樣細又長，疏縫針則比較粗且長。

線
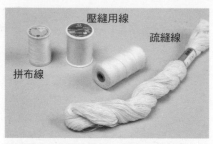

壓縫用線
疏縫線
拼布線

拼布適用60號的縫線，壓線建議使用上過蠟、有彈性的線。但若想保有柔軟度，也可使用與拼布一樣的線。疏縫線如圖示，分成整捲或整捆兩種包裝。

記號筆

一般是使用2B鉛筆。深色布以亮色系的工藝用鉛筆或色鉛筆作記號，會比較容易看見。氣消筆或水消筆在描畫壓線線條時很好用。

頂針器
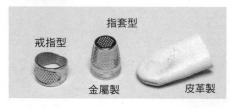

戒指型　指套型

金屬製　皮革製

平針縫與壓線時的必備工具。一旦熟練使用，縫出的針趾就會漂亮工整。戒指型主要用於平針縫，金屬或皮革製的指套則用於壓線。

壓線框

繡框的放大版。壓線時將布框入撐開。直徑30至40cm是好用的尺寸。

拼布用語

◆圖案（Pattern）◆
拼縫三角形或四角形的布片，展現幾何學圖形設計。依圖形而有不同名稱。

◆布片（Piece）◆

組合圖案用的三角形或四角形等的布片。以平針縫縫合布片稱為「拼縫」（Piecing）。

◆區塊（Block）◆

由數片布片縫合而成。有時也指完成的圖案。

◆表布（Top）◆
尚未壓線的表層布。

◆鋪棉◆
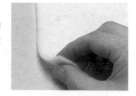
夾在表布與底布之間的平面棉襯。適用密度緊實的薄鋪棉。

◆底布◆
鋪棉的底布。夾在表布與底布之間。適用織目疏鬆、針容易穿過的材質。薄布會讓壓線的陰影無法漂亮呈現於表層，並不適合。

◆貼布縫◆
另外縫合上其他的布。主要是使用立針縫（參照P.83）。

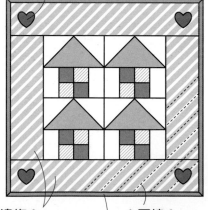

◆大邊條◆
接縫在由數個圖案縫合的表布邊緣的布。

◆包邊◆
以斜紋布條包覆完成壓線的拼布周圍或包包的袋口縫份。

◆壓線線條◆
在壓線位置所作的記號。

◆壓線◆
重疊表布、鋪棉與底布，壓縫3層。

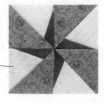

主要步驟

製作布片的紙型。

↓

使用紙型在布上作記號後裁布，準備布片。

↓

拼縫布片，製作表布。

↓

在表布描畫壓線線條。

↓

重疊表布、鋪棉、底布進行疏縫。

↓

進行壓線。

↓

包覆四周縫份，進行包邊。

拼縫前準備工作

下水

新買的布在縫製前要水洗。即使是統一使用相同材質的布拼縫，由於縮水狀況不一，有時作品完成下水仍舊出現皺縮問題。此外，以水洗掉新布的漿，會更好穿縫，且能預防褪色。大片布就由洗衣機代勞，洗後在未完全乾燥時，一邊整理布紋，一邊以熨斗整燙。

關於布紋

原寸紙型上的箭頭所指方向代表布紋。布紋是指直橫交織而成的紋路。直橫正確交織，布就不會歪斜。而拼布不同於一般裁縫，布紋要對齊直布紋或橫布紋任一方都OK。斜紋是指斜向的布紋。與直布紋或橫布紋呈45度的稱為正斜向。

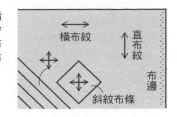

製作紙型

將製好圖的紙，或是自書本複印下來的圖案，以膠水黏貼在厚紙板上。膠水最好挑選不會讓紙起皺的紙用膠水。接著以剪刀沿著線條剪開，註明所需數量、布紋，並視需要加上合印記號。

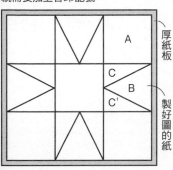

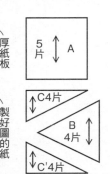

厚紙板
製好圖的紙

5片 A
C4片
B 4片
C'4片

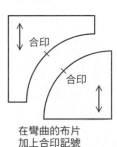

合印
合印

在彎曲的布片加上合印記號

作上記號後裁剪布片

紙型置於布的背面，以鉛筆作上記號。在貼上砂紙的裁布墊上作記號，布比較不會滑動。縫份約為0.7cm，不必作記號，目測即可。

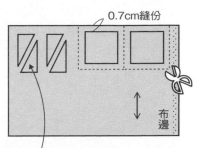

0.7cm縫份

形狀不對稱的布片，在紙型背後作上記號。

拼縫布片

◆始縫結◆

縫前打的結。手握針，縫線繞針2、3圈，拇指按住線，將針向上拉出。

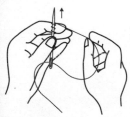

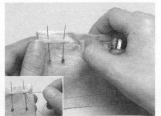

1 2片布正面相對，以珠針固定，自珠針前0.5cm處起針。

2 進行回針縫，手指確實壓好布片避免歪斜。

3 以手指稍微整理縫線，避免布片縮得太緊。

4 在止縫處回針，並打結。留下約0.6cm縫份後，裁剪多餘布片。

◆止縫結◆

縫畢，將針放在線最後穿出的位置，繞針2、3圈，拇指按住線，將針向上拉出。

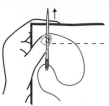

◆分割縫法◆

直線方向由布端縫到布端時，分割成帶狀拼縫。

◆鑲嵌縫法◆

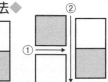

①縫至記號。

無法使用直線的分割縫法時，在記號處止縫，再嵌入布片縫合。

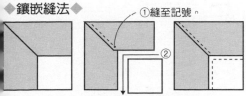

各式平針縫

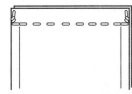

由布端到布端
兩端都是分割縫法時。

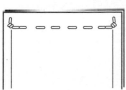

由記號縫至記號
兩端都是鑲嵌縫法時。

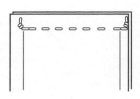

由布端縫至記號
縫至記號側變成鑲嵌縫法時。

縫份倒向

縫份不熨開而倒向單側。朝著要倒下的那一側，在針趾向內1針的位置摺疊縫份，以指尖往下按壓。

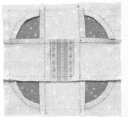

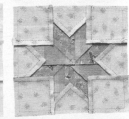

基本上，縫份是倒向想要強調的那一側，彎曲形則順其自然的倒下。其他還有全部朝同一方向倒下，或是倒向外側等，各式各樣的倒向方法。碰到像檸檬星（右）這種布片聚集在中心的狀況，就將菱形布片兩兩縫合成縫份倒向同一個方向的區塊，整合成上下的帶狀布後，再彼此縫合。

描畫壓線線條，進行疏縫

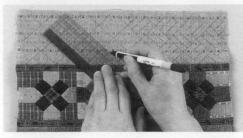

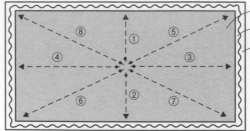

表布（正面）
鋪棉
底布（背面）

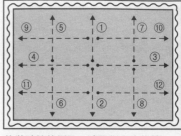

以熨斗整燙表布，使縫份固定。接著在表面描畫壓線記號。若是以鉛筆作記號，記得不要畫太黑。在畫格子或條紋線時，使用上面有平行線及方眼格線的尺會很方便。

準備稍大於表布的底布與鋪棉，依底布、鋪棉、表布的順序重疊，以手撫平，再以珠針重點固定。由中心向外側進行疏縫。上圖是放射狀疏縫的例子。

格狀疏縫的例子。適用拼布小物等。

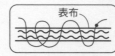

表布

止縫作一針回針縫，不打止縫結，直接剪掉線。

壓線

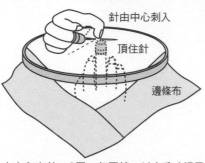

針由中心刺入
頂住針
邊條布

由中心向外，3層一起壓線。以右手（慣用手）的頂針指套壓住針頭，一邊推針一邊穿縫。左手（承接手）的頂針指套由下方頂住針。使用拼布框作業時，當周圍接縫邊條布，就要刺到布端。

慣用手
承接手

針由上刺入，以指套頂住。→以指套將布往上提，在指套邊作出一個山形，再以慣用手的指套推針，貫穿山腰。→以指套往左錯開，製造下個山形，再依同樣方式穿縫。

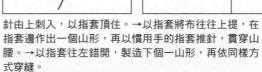

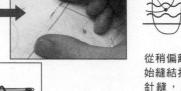

每穿縫2、3針，就以指套壓住針後穿出。

止縫結　鋪棉　表布
底布　止縫結

從稍偏離起針的位置入針，將始縫結拉至鋪棉內，縫一針回針縫，止縫也要縫一針回針縫，將止縫結拉至鋪棉內藏起來。

包邊

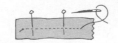

畫框式滾邊　所謂畫框式滾邊，就是以斜紋布條包覆拼布四周時，將邊角處理成及畫框邊角一樣的形狀。

斜紋布條作法

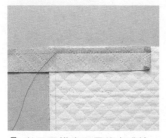

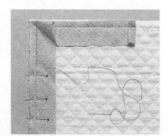

1 在正面描畫四周的完成線。斜紋布條正面相對疊放在拼布上，對齊斜紋布條的縫線記號與完成線，以珠針固定，縫到邊角的記號，在記號縫一針回針縫。

2 針線暫放一旁，斜紋布條摺成45度（當拼布的角是直角時）。重要的是，確實沿記號邊摺疊成與下一邊平行。

3 斜紋布條沿著下一邊摺疊，以珠針固定記號。邊角如圖示形成一個褶子。在記號上出針，再次從邊角的記號開始縫。

◆量少時◆

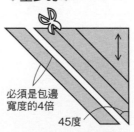

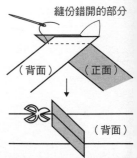

縫份錯開的部分
（背面）　（正面）
（正面）　（背面）

必須是包邊寬度的4倍
45度

布摺疊成45度，畫出所需寬度。1cm寬的包邊需要4cm、0.8cm寬要3.5cm、0.7cm寬要3cm。包邊寬度愈細，加上布的厚度要預留寬一點。

接縫布條時，兩片正面相對，以細針目的平針縫縫合。熨開縫份，剪掉露出外側的部分。

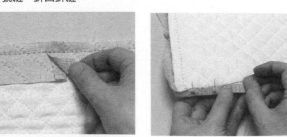

4 布條在始縫時先摺1cm。縫完一圈後，布條與摺疊的部分重疊約1cm後剪斷。

5 縫份修剪成與包邊的寬度，布條反摺，以立針縫縫合於底布。以布條的針趾為準，抓齊滾邊的寬度。

6 邊角整理成布條摺入重疊45度。重疊處縫一針回針縫變得更牢固。漂亮的邊角就完成了！

◆量多時◆

縫份錯開的部分
（背面）
（正面）

布裁成正方形，沿對角線剪開。

裁開的布正面相對重疊並以車縫縫合。

熨開縫份，沿布端畫上需要的寬度。另一邊的布端與畫線記號錯開一層，正面相對縫合。以剪刀沿著記號剪開，就變成一長條的斜紋布。

拼布包縫份處理

A 以底布包覆

側面正面相對縫合，僅一邊的底布留長一點，修齊縫份。接著以預留的底布包覆縫份，以立針縫縫合。

B 進行包邊（外包邊的作法相同）

適合彎弧部分的處理方式。兩片正面相對疊合（外包邊是背面相對），疏縫固定，斜紋布條正面相對，進行平針縫。

修齊縫份，以斜紋布條包覆進行立針縫，即使是較厚的縫份也能整齊收邊。斜紋布條若是與底布同一塊布，就不會太醒目。

C 接合整理

處理後縫份不會出現厚度，可使作品平坦而不會有突起的情形。以脇邊接縫側面時，自脇邊留下2、3cm的壓線，僅表布正面相對縫合，縫份倒向單側。鋪棉接合以粗針目的捲針縫縫合，底布以藏針縫縫合。最後完成壓線。

貼布縫作法

方法A（摺疊縫份以藏針縫縫合）

在布的正面作記號，加上0.3至0.5cm的縫份後裁布。在凹處或彎弧處剪牙口，但不要剪太深以免綻線，大約剪到距記號0.1cm的位置。接著疊放在土台布上，沿著記號以針尖摺疊縫份，以立針縫縫合。

方法B（作好形狀再與土台布縫合）

在布的背面作記號，與A一樣裁布。平針縫彎弧處的縫份。始縫結打大一點以免鬆脫。接著將紙型放在背面，拉緊縫線，以熨斗整燙，也摺好直線部分的縫份。線不動，抽掉紙型，以藏針縫縫合於土台布上。

基本縫法

◆平針縫◆

◆回針縫◆

◆立針縫◆

◆星止縫◆

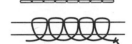

◆捲針縫◆

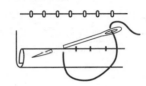

◆梯形縫◆

兩端的布交替，針趾與布端呈平行的挑縫

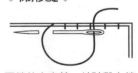

安裝拉鍊

從背面安裝

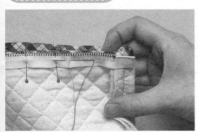

對齊包邊端與拉鍊的鍊齒，以星止縫縫合，以免針趾露出正面。以拉鍊的布帶為基準就能筆直縫合。
※縫合脇邊再裝拉鍊時，將拉鍊下止部分置於脇邊向內1cm，就能順利安裝。

從正面安裝

同上，放上拉鍊，從表側在包邊的邊緣以星止縫縫合。縫線與表布同顏色就不會太醒目。因為穿縫到背面，會更牢固。背面的針趾還可以裡袋遮住。

拉鍊布端可以千鳥縫或立針縫縫合。

包邊繩作法

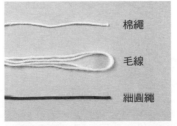

棉繩

毛線

細圓繩

以斜紋布條將芯包住。若想要鼓鼓的效果就以毛線當芯，或希望結實一點就以棉繩或細圓繩製作。棉繩與細圓繩是以用斜紋布條邊夾邊縫合，毛線則是斜紋布條縫合成所需寬度後再穿。

◆棉繩或細圓繩◆

◆毛線◆

縫合側面或底部時，先暫時固定於單側，再壓緊一邊將另一邊包邊繩縫合固定。始縫與止縫平緩向下重疊。

作品紙型＆作法

* 圖中的單位為cm。
* 圖中的❶❷為紙型號碼。
* 完成作品的尺寸多少會與圖稿的尺寸有所差距。
* 關於縫份，原則上布片為0.7cm、貼布縫為0.3至0.5cm，其餘則預留1cm後進行裁剪。
* 附註為原寸裁剪標示時，不留縫份，直接裁剪。
* P.64至P.67拼布基本功請一併參考。
* 刺繡方法請參照P.88。

P2　No.1 迷你壁飾　●紙型B面❸（A至D布片原寸紙型＆壓線圖案）

◆材料
各式拼接用布片　D用布35×30cm（包含貼布縫部分）　舖棉40×40cm　胚布45×70cm（包含滾邊繩、處理背面用斜布條部分）　直徑0.3cm　繩帶 130cm
白玉拼布用極太毛線、8號繡線各適量

◆作法順序
拼接A至C布片→進行貼布縫與刺繡→周圍接縫D布片，完成表布→疊合舖棉與胚布，進行壓線（刺繡圖案邊緣也進行壓線）→進行白玉拼布（請參照P.59）→處理周圍。

完成尺寸　31.5×31.5cm

周圍處理方法

① 自然曲線
（正面）完成線
沿著完成線修剪舖棉，正面側正面相對疊合滾邊繩，進行縫合。

② 滾邊繩　角上進行縮縫
（背面）　處理背面用斜布條
摺疊兩端縫份的
反摺滾邊繩，疊合處理面用斜布條，進行藏針縫。

原寸貼布縫圖案

繞線平針繡

進行壓線之後，縫針穿上別線，穿繞直線繡針目。

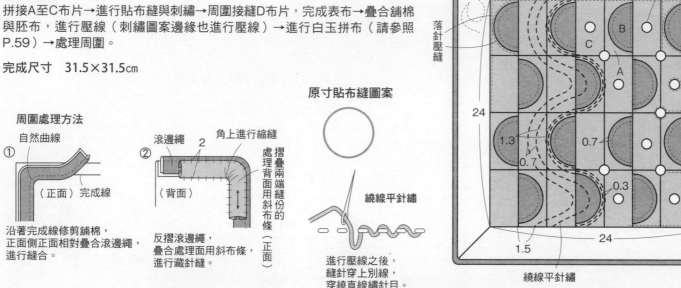

0.3cm滾邊繩　　白玉拼布　　貼布縫（縫於布片中心）
落針壓縫
B　C　A
24　1.3　0.7　0.7　0.3
D
31　3.5
繞線平針繡
1.5　24　31

P3　No.2 迷你抱枕

◆材料
各式拼接用、花瓣用布片　後片用布、舖棉各15×15cm　棉花、8號繡線各適量

◆作法順序
拼接A布片，完成前片表布→疊合舖棉，進行刺繡→製作花瓣，暫時固定於前片→正面相對疊合後片用布，進行縫合，翻向正面，塞入棉花。

◆作法重點
○前片暫時固定花瓣時，先固定4片，分別位於十字位置，之間再分別固定2片。

完成尺寸　寬16cm

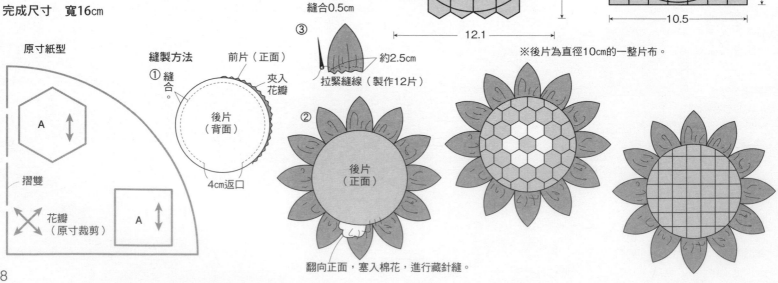

花瓣

① 摺疊（背面）　縫合0.5cm
② 翻向正面　縫合0.5cm
③ 約2.5cm　拉緊縫線（製作12片）

前片　法國結粒繡
直徑10cm圓形
A　11
12.1

前片　法國結粒繡
直徑10cm圓形
A
10.5
10.5
※後片為直徑10cm的一整片布。

原寸紙型
A
摺雙
✕ 花瓣（原寸裁剪）
A

縫製方法
前片（正面）
① 縫合。
夾入花瓣
後片（背面）
4cm返口

② 後片（正面）

翻向正面，塞入棉花，進行藏針縫。

◆材料
各式拼接用布片 提把、釦絆用布20×70cm
舖棉50×120cm 胚布60×120cm（包含袋口裡側貼邊部分） 直徑1.5cm 縫式磁釦1組

◆作法順序
拼接A至C布片，完成表布→疊合舖棉與胚布，進行壓線→依圖示完成縫製→製作提把、釦絆、袋口裡側貼邊，接縫於本體。

◆作法重點
○進行壓線，預留兩端，縫合脇邊之後，完成預留部分的壓線。

完成尺寸 30.5×56.5cm

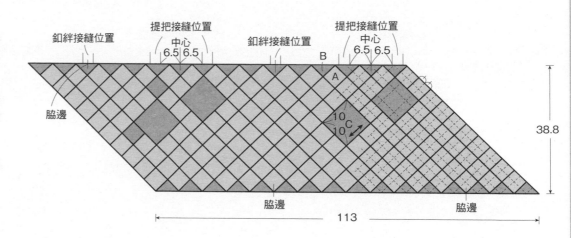

縫製方法

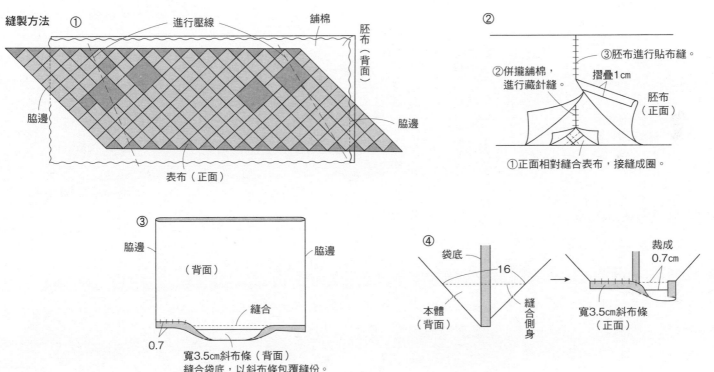

提把＆釦絆

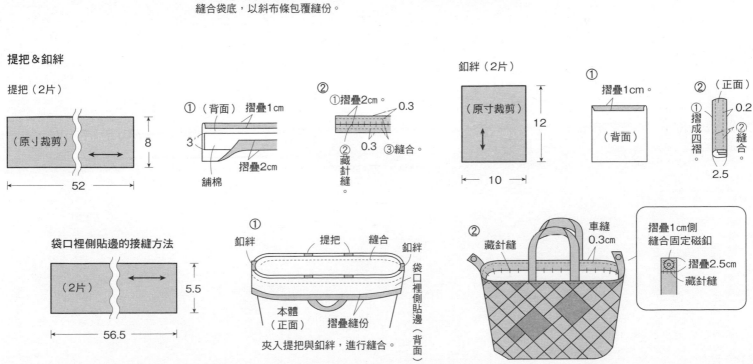

◆材料

相同 吊耳用直徑0.2cm蠟繩5cm 鑰匙圈、鉤環各1個 刺子繡線、25號繡線各適量

No.4 各式貼布縫用布片 A用布40×30cm（包含後片、魚鰭⊖表布、裡布部分） B用布20×20cm（包含魚鰭⊜表布、裡布部分）魚鰭⊜用布20×20cm（包含魚鰭⊜表布、裡布部分）胚布20×40cm 單膠舖棉25×40cm 接著襯25×20cm 長15cm 拉鍊1條

No.5 各式貼布縫用布片 台布（包含後片部分）、胚布各25×50cm 頭用布10×15cm（包含頭裡布部分）手腳用布35×30cm（包含手腳裡布部分）單膠舖棉 30×70cm 滾邊用寬3.5cm 斜布條 55cm 長20cm 拉鍊1條

◆作法順序

No.4 製作魚鰭⊖至⊜→製作前、後片→依圖示完成縫製。

No.5 製作頭→製作手→製作腳→製作前片與後片→依圖示完成縫製。

◆作法重點

○No.5的前片與後片以外，皆沿著縫合針目邊緣修剪接著舖棉（黏貼時沿著周圍微微地貼合）。

完成尺寸
No.4 25 × 21cm
No.5 25 × 26cm

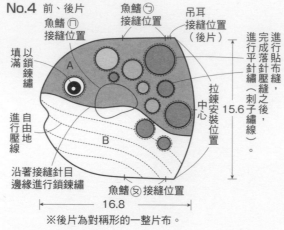
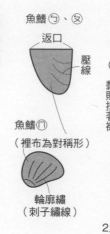

No.4
前、後片
魚鰭⊖接縫位置
魚鰭⊖接縫位置
魚鰭⊖接縫位置
吊耳接縫位置（後片）
以鎖鍊繡填滿
自由地進行壓線
沿著接縫針目邊緣進行鎖鍊繡
魚鰭⊗接縫位置
拉鍊安裝位置
拉鍊中心
完成貼布縫，進行落針壓縫之後，進行平針繡壓縫（刺子繡線）。
15.6
16.8
※後片為對稱形的一整片布。

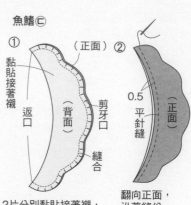

魚鰭⊖、⊗
返口
壓線
魚鰭⊖（裡布為對稱形）
輪廓繡（刺子繡線）
2片分別黏貼接著襯，正面相對疊合，預留返口，進行縫合。

魚鰭⊜
① 黏貼接著襯
（正面）②
返口
剪牙口
縫合
0.5 平針縫
（正面）
翻向正面，沿著縫份進行平針縫，形成皺褶。

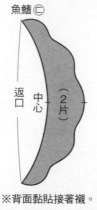

魚鰭⊜
返口
中心
（2片）
※背面黏貼接著襯。

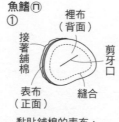

魚鰭⊖
① 接著舖棉
裡布（背面）
剪牙口
表布（正面）
縫合
黏貼舖棉的表布，正面相對疊合裡布，進行縫合，裡布側剪牙口。

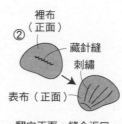

① 裡布（正面）
② 藏針縫 刺繡
表布（正面）
翻向正面，縫合返口，表布側進行刺繡。

魚鰭⊖、⊗
① 返口
舖棉
接著
表布
裡布（背面）
黏貼舖棉的表布與胚布，正面相對疊合，預留返口，進行縫合。

② 壓線
翻向正面，進行壓線。

後片

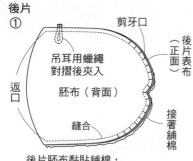

①
剪牙口
吊耳用蠟繩對摺後夾入
後片表布（正面）
返口
胚布（背面）
縫合
接著舖棉
後片胚布黏貼舖棉，正面相對疊合胚布，夾入蠟繩，預留返口，進行縫合。曲線部位縫份剪牙口。

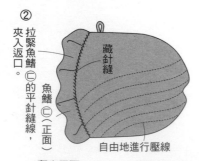

②
夾入拉緊魚鰭⊜。
藏針縫
魚鰭⊜（正面）
翻向正面，返口夾入魚鰭⊜，進行藏針縫。進行壓線。
⊜的平針縫線，自由地進行壓線。

前片

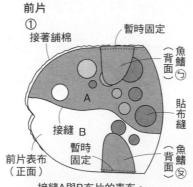

①
接著舖棉
暫時固定
魚鰭⊖（背面）
A
接縫 B
暫時固定
貼布縫
魚鰭⊗（背面）
前片表布（正面）
接縫A與B布片的表布，黏貼舖棉，進行貼布縫，暫時固定魚鰭⊖與⊗。

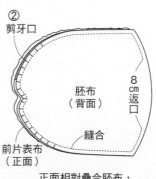

②
剪牙口
胚布（背面）
8cm返口
前片表布（正面）
縫合
正面相對疊合胚布，預留返口，進行縫合。曲線部位縫份剪牙口。

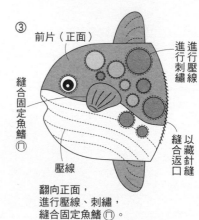

③
前片（正面）
進行壓線
進行刺繡
縫合固定魚鰭⊜
以藏針縫縫合返口
壓線
翻向正面，進行壓線、刺繡，縫合固定魚鰭⊜。

縫製方法

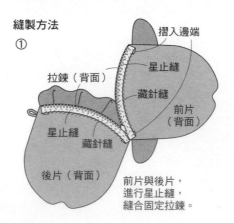

①
摺入邊端
星止縫
藏針縫
前片（背面）
拉鍊（背面）
星止縫
藏針縫
後片（背面）
前片與後片，進行星止縫，縫合固定拉鍊。

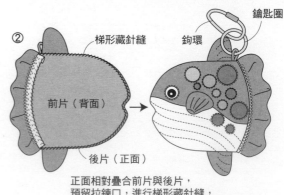

②
梯形藏針縫
鑰匙圈
鉤環
前片（背面）
後片（正面）
正面相對疊合前片與後片，預留拉鍊口，進行梯形藏針縫，翻向正面，吊耳穿套鑰匙圈與鉤環。

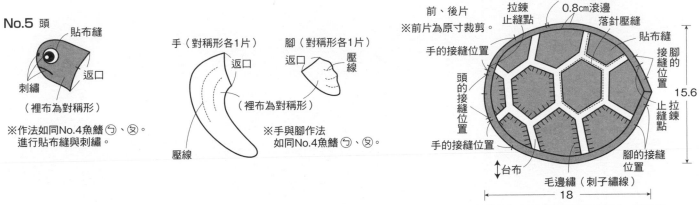

No.5 頭

貼布縫
返口
刺繡
（裡布為對稱形）

※作法如同No.4魚鰭㋐、㋑。
進行貼布縫與刺繡。

手（對稱形各1片）
返口
壓線

腳（對稱形各1片）
返口
壓線

（裡布為對稱形）

※手與腳作法
如同No.4魚鰭㋐、㋑。

前、後片
※前片為原寸裁剪。

吊耳接縫位置
0.8cm滾邊
落針壓縫
拉鍊止縫點
手的接縫位置
貼布縫
頭的接縫位置
腳的接縫位置
止拉縫點鍊
手的接縫位置
腳的接縫位置
15.6
台布
毛邊繡（刺子繡線）
18

※後片為包含滾邊部分的相同尺寸一整片布。

後片

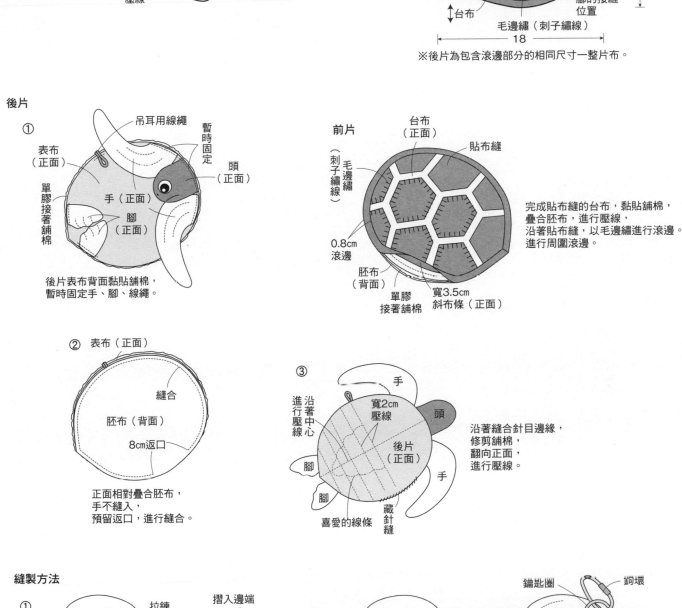

①
吊耳用線繩
暫時固定
表布（正面）
頭（正面）
單膠接著舖棉
手（正面）
腳（正面）

後片表布背面黏貼舖棉，
暫時固定手、腳、線繩。

前片

台布（正面）
貼布縫
毛邊繡（刺子繡線）
0.8cm滾邊
胚布（背面）
單膠接著舖棉
寬3.5cm斜布條（正面）

完成貼布縫的台布，黏貼舖棉，
疊合胚布，進行壓線，
沿著貼布縫，以毛邊繡進行滾邊。
進行周圍滾邊。

②
表布（正面）
縫合
胚布（背面）
8cm返口

正面相對疊合胚布，
手不縫入，
預留返口，進行縫合。

③
手
沿著中心進行壓線
寬2cm壓線
頭
後片（正面）
腳
腳
喜愛的線條
藏針縫
手

沿著縫合針目邊緣，
修剪舖棉，
翻向正面，
進行壓線。

縫製方法

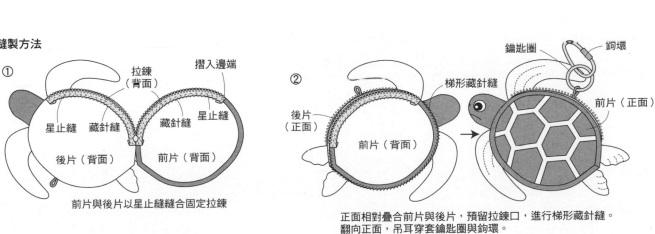

①
拉鍊（背面）
摺入邊端
星止縫
藏針縫
藏針縫
星止縫
後片（背面）
前片（背面）

前片與後片以星止縫縫合固定拉鍊

②
鑰匙圈
鉤環
梯形藏針縫
後片（正面）
前片（背面）
前片（正面）

正面相對疊合前片與後片，預留拉鍊口，進行梯形藏針縫。
翻向正面，吊耳穿套鑰匙圈與鉤環。

◆材料
各式拼接用布片 E至G用布110×45cm
（包含側身、滾邊部分） 胚布、舖棉、
裡袋用布、接著襯各50×70cm 滾邊繩用
寬3cm 斜布條 直徑0.5cm 繩帶各個140cm
長48cm 提把1組

◆作法順序
拼接A至D布片，完成6片圖案→接縫圖案
與E至G布片，完成袋身表布→袋身表布
與側身，疊合舖棉與胚布，進行壓線→製
作滾邊繩→製作裡袋→依圖示完成縫製。

完成尺寸　27×31cm

縫製方法

①
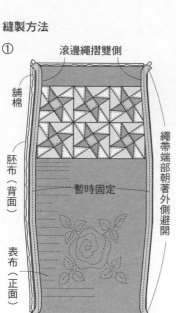
滾邊繩摺雙側
舖棉
胚布（背面）
暫時固定
表布（正面）
繩帶端部朝著外側避開

完成壓線的袋身兩邊端，
暫時固定滾邊繩。

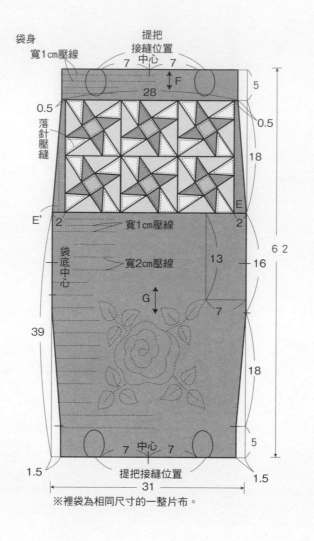

袋身
寬1cm壓線
提把接縫位置
中心
7　7
F
28
5
0.5
0.5
落針壓縫
18
E'　2
寬1cm壓線
62
袋底中心
寬2cm壓線
13　16
G
7
39
18
5
1.5
提把接縫位置
7　中心　7
31
1.5
※裡袋為相同尺寸的一整片布。

圖案配置圖
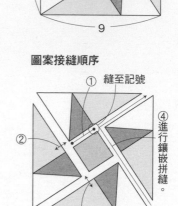
C　D
B
A
9
9

圖案接縫順序
① 縫至記號
②
③
④ 進行鑲嵌拼縫。

②
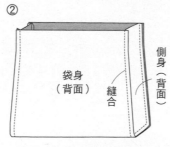
袋身（背面）
側身（背面）
縫合

正面相對疊合袋身與側身，進行縫合。
※裡袋作法也相同（黏貼接著襯）。

滾邊繩作法
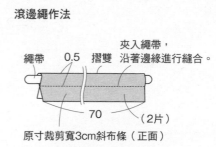
繩帶
0.5
摺雙
夾入繩帶，
沿著邊緣進行縫合。
70
（2片）
原寸裁剪寬3cm斜布條（正面）

側身（2片）
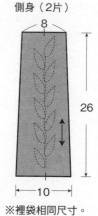
8
26
10
※裡袋相同尺寸。

③ 斜布條邊端不摺入，
以藏針縫縫於胚布。
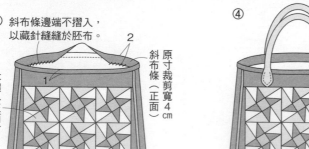
2
斜布條
1
本體（正面）
原寸裁剪寬4cm（正面）
翻向正面，沿著袋口縫份，
以斜布條進行滾邊。

④

提把
進行回針縫，
將提把縫合固定於指定位置。

⑤
藏針縫
裡袋（正面）
1cm滾邊
將裡袋放入本體內側，
摺入袋口縫份，進行藏針縫。

No.8 手提袋 ●紙型B面❼（原寸壓線圖案）

◆材料

各式拼接用布片 D用布45×20cm（包含E、G布片部分） F用布100×40cm（包含H至J布片、滾邊部分） J用布40×40cm 鋪棉、胚布、裡袋用布各45×90cm 長50cm提把1組

◆作法順序

拼接A至C布片，完成5片圖案，接縫D至J布片，完成本體表布→疊合鋪棉、胚布，進行壓線→製作裡袋→依圖示完成縫製。

完成尺寸　40.5×35.5cm

圖案配置圖

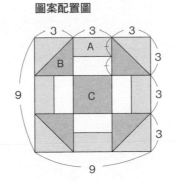

原寸紙型

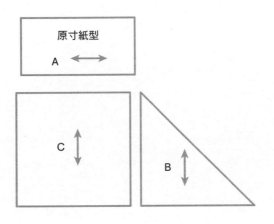

A ←→

C ↕

B ↕

縫製方法

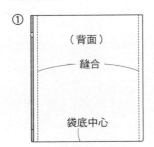

①

（背面）

縫合

袋底中心

正面相對由袋底中心摺疊，
縫合兩脇邊。
※裡袋作法也相同。

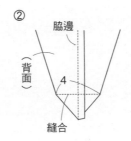

②

脇邊

（背面）

4

縫合

摺疊袋底，縫合側身。
※裡袋作法也相同。

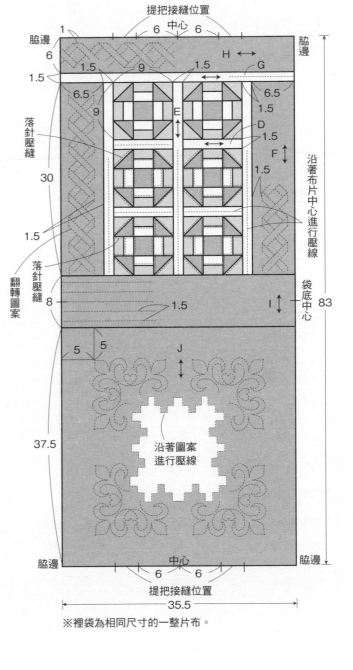

提把接縫位置

脇邊　1　6　中心　6　脇邊

6　　H ←→

1.5　　9　　1.5　　G

6.5　　　　　　　　6.5

落針壓縫　9　　E　　D　1.5

30　　　　　　　　F　1.5

沿著布片中心進行壓線

1.5

落針壓縫

翻轉圖案

8　　1.5

袋底中心　83

5　5

J

沿著圖案進行壓線　37.5

脇邊　中心　脇邊

6　6

提把接縫位置

35.5

※裡袋為相同尺寸的一整片布。

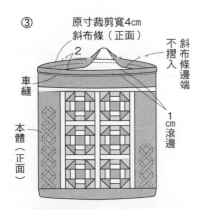

③

原寸裁剪寬4cm
斜布條（正面）

2

車縫

本體（正面）

斜布條邊端不摺入

1cm滾邊

翻向正面，
以斜布條包覆袋口縫份，
沿著滾邊部位邊緣進行車縫。

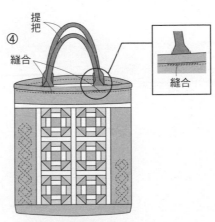

④

提把

縫合

縫合

本體背面側疊合提把，
沿著滾邊部位邊緣，
車縫固定。

⑤

藏針縫　滾邊

裡袋（正面）

本體（正面）

本體背面相對疊合裡袋，
將裡袋放入本體，摺入袋口縫份，
沿著滾邊部位邊緣進行藏針縫。

◆材料

各式貼布縫用布片 B至D用布110×150㎝（包含A布片、☉布片部分） E、F用布
110×30㎝（包含A布片部分） G、H用布40×120㎝（包含A布片部分） 鋪棉、胚布各
100×160㎝ 滾邊用寬4㎝ 斜布條460㎝

◆作法順序

拼接A至C布片，進行貼布縫，完成13片「蜜蜂」圖案，接縫12片D布片→進行貼布縫，E
布片縫上☉布片，F布片縫上⊗布片→接縫圖案與E至H布片，完成表布→疊合鋪棉與胚
布，進行壓線→進行周圍滾邊（請參照P.66）。

完成尺寸　112×112㎝

原寸紙型
☉

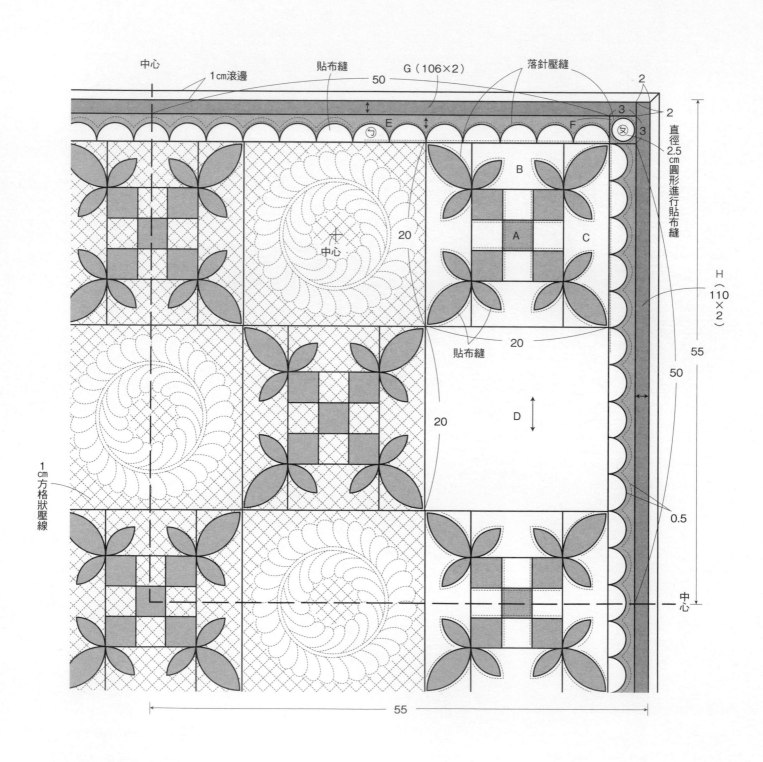

◆**材料**
相同 各式拼接用布片 中厚接著襯、裡袋用布各60×25cm
針織用接著襯、刺子繡線各適量
No.12 長30cm 寬2cm 提把用織帶60cm
No.11 提把用寬1.5cm 帶狀皮革65cm
◆**作法順序**
★記號布片分別間隔0.4cm，以刺子繡線縫上針目→拼接各
布片，完成前片與後片表布→背面黏貼中厚接著襯→依圖示
完成縫製。
◆**作法重點**
○裁剪布片前，各式拼接用布片背面先黏貼針織用接著襯。

完成尺寸　No.12　25.5×20cm
　　　　　No.11　28×23cm

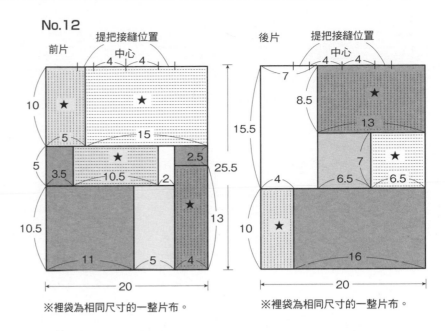

No.12

前片　提把接縫位置　中心
4　4
10　★　★
5　15
5　3.5　★　10.5　2　2.5
15.5
25.5
10.5　★　13
11　5　4
20
※裡袋為相同尺寸的一整片布。

後片　提把接縫位置　中心
4　4
7
8.5　★
13
7　★
4　6.5　6.5
10　★
16
20
※裡袋為相同尺寸的一整片布。

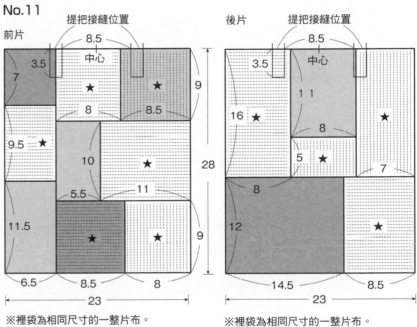

No.11

前片　提把接縫位置
8.5
3.5　中心
7　★　★
8　8.5
9.5　★
10　★
11.5　5.5　11
6.5　8.5　8
23
9
28
9
※裡袋為相同尺寸的一整片布。

後片　提把接縫位置
8.5
3.5　中心
11
16　★
8
5　★　★
8　7
12　★
14.5　8.5
23
※裡袋為相同尺寸的一整片布。

縫製方法（相同）

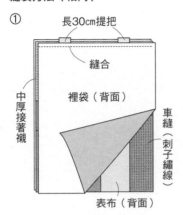

① 長30cm提把
縫合
中厚接著襯
裡袋（背面）
車縫（刺子繡線）
表布（背面）

背面黏貼接著襯的表布與裡袋，
正面相對疊合裡袋，
夾入提把接縫位置，沿著袋口進行縫合。
（No.11不夾縫提把）
※背面作法也相同。

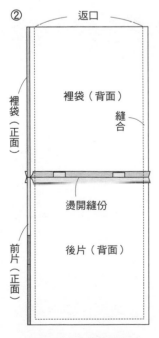

② 返口
裡袋（背面）
裡袋（正面）
縫合
燙開縫份
後片（背面）
前片（正面）

打開①，正面相對疊合前、
後片與裡袋，預留返口，
進行縫合。

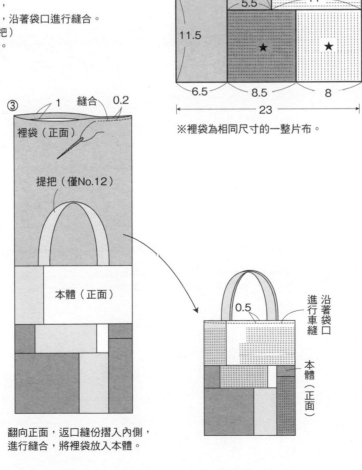

③ 1　縫合　0.2
裡袋（正面）
提把（僅No.12）
本體（正面）

翻向正面，返口縫份摺入內側，
進行縫合，將裡袋放入本體。

0.5
沿著袋口進行車縫
本體（正面）

④ 提把　長32cm
3.5
縫合固定
本體（正面）

No.11進行手縫，
將提把縫於指定位置。

◆材料

手提袋 各式拼接用布片 C、D、提把用布55×40cm（包含袋底部分）E用布40×20cm（包含提把裝飾片部分）單膠舖棉、裡袋用布（包含袋底裡布部分）各100×30cm 滾邊用寬3.5cm 斜布條80cm 寬1.5cm 波形織帶80cm 寬2.5cm 平面織帶80cm 接著襯30×15cm

波奇包 各式拼接用布片 b、c用印花布20×20cm 單膠舖棉、裡袋用布各35×25cm 滾邊用寬3.5cm 斜布條45cm 寬0.8cm 波形織帶40cm 長16cm 拉鍊1條

◆作法順序

手提袋 拼接A至E布片，完成2片袋身表布→黏貼接著舖棉，進行壓線→固定織帶→製作袋底與提把→依圖示完成縫製。

波奇包 拼接a至c布片，完成表布→黏貼接著舖棉，進行壓線→固定織帶→依圖示完成縫製。

手提袋

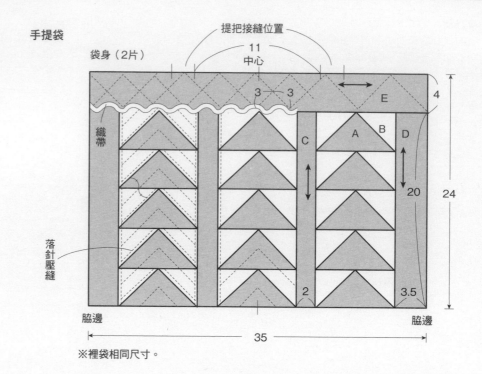

提把接縫位置
袋身（2片）
11
中心
織帶
3　3
E
C
A　B　D
落針壓縫
2
3.5
4
20
24
脇邊
脇邊
35
※裡袋相同尺寸。

縫製方法

①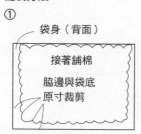

袋身（背面）
接著舖棉
脇邊與袋底
原寸裁剪

本體背面黏貼接著舖棉，進行壓線。

②

袋身（正面）

正面相對疊合袋身，縫合脇邊。

長36cm 提把

完成尺寸
24.5×35cm

③

袋身（背面）
裡袋（背面）
縫合

如同袋身作法，縫合裡袋，正面相對疊合，縫合下部。

④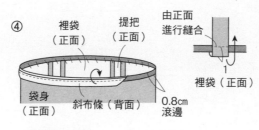

裡袋（正面）
提把（正面）
由正面進行縫合
袋身（正面）
斜布條（背面）
裡袋（正面）
1
0.8cm 滾邊

裡袋翻向正面，暫時固定提把，沿著袋口進行滾邊。

⑤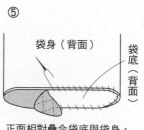

袋身（背面）
袋底（背面）

正面相對疊合袋底與袋身，進行捲針縫。

提把

（各2片）（原寸裁剪）

提把用布　6
40
裝飾片
2.5
40

① 平面織帶
0.7cm
提把（背面）
裝飾片（正面）

提把用布疊合平面織帶與裝飾片，進行縫合。

② 翻向正面，進行車縫。

進行車縫　包覆
1　2.5

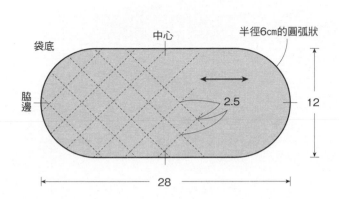

袋底　中心　半徑6cm的圓弧狀

脇邊　2.5　12

28

原寸紙型

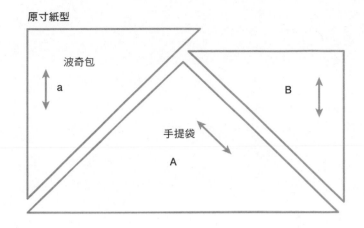

波奇包　a

手提袋

B

A

袋底

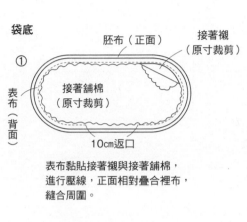

① 胚布（正面）　接著襯（原寸裁剪）

接著鋪棉（原寸裁剪）

表布（背面）

10cm返口

表布黏貼接著襯與接著鋪棉，
進行壓線，正面相對疊合裡布，
縫合周圍。

② （正面）

藏針縫

由返口翻向正面

波奇包

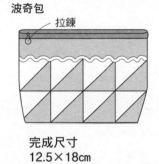

拉鍊

完成尺寸
12.5×18cm

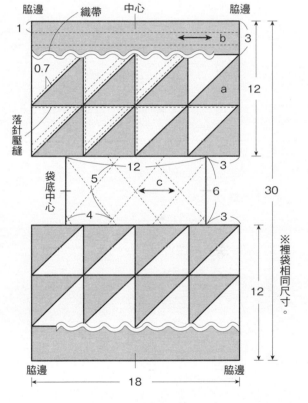

脇邊　織帶　中心　脇邊

1　b　3

0.7

落針壓縫　a　12

袋底中心　12　3

5　c

4　6　30

3

12

脇邊　脇邊

18

※裡袋相同尺寸。

縫製方法

① （背面）

接著鋪棉

袋口以外皆
原寸裁剪

黏貼接著鋪棉，
進行壓線。

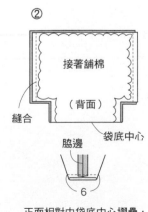

② 接著鋪棉

（背面）

縫合

袋底中心

脇邊

6

正面相對由袋底中心摺疊，
縫合脇邊，縫合側身。

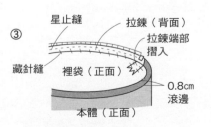

③ 星止縫　拉鍊（背面）

拉鍊端部摺入

藏針縫

裡袋（正面）

0.8cm滾邊

本體（正面）

如同本體作法縫合裡袋，
裡袋放入本體，以斜布條包覆袋口，
安裝拉鍊。

◆材料

各式A用布片 B用布65×40cm（包含吊耳部分） 裡袋用布85×35cm 單膠舖棉、胚布各100×35cm 長30cm 拉鍊1條 直徑2cm 包釦心1顆 附活動鉤肩背帶1條

◆作法順序

以快速壓縫法，將A布片、B布片依序縫合固定於舖棉→安裝拉鍊，依圖示完成縫製→製作花片，縫合固定（縫合固定背面側的包釦周圍）。

◆作法重點

○沿著拉鍊與脇邊的縫合針目邊緣，修剪舖棉。

花片

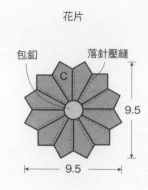

包釦　落針壓縫

C

9.5

9.5

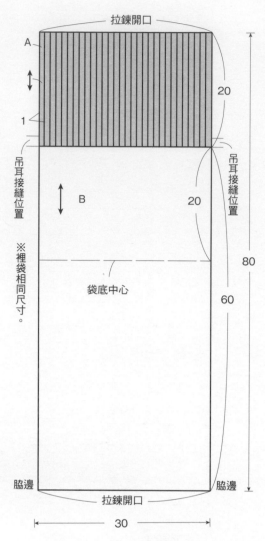

拉鍊開口

A

20

1

B

20

80

60

吊耳接縫位置

吊耳接縫位置

※裡袋相同尺寸。

袋底中心

脇邊　脇邊

拉鍊開口

30

快速壓縫法

①

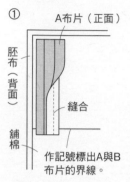

A布片（正面）

胚布（背面）

舖棉

縫合

作記號標出A與B布片的界線。

胚布黏貼舖棉（周圍縫份不黏貼），縫合固定A布片。

②

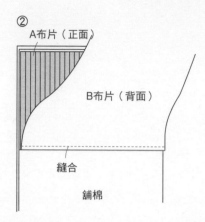

A布片（正面）

B布片（背面）

縫合

舖棉

縫製方法

①

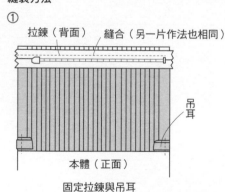

拉鍊（背面）　縫合（另一片作法也相同）

吊耳

本體（正面）

固定拉鍊與吊耳

②

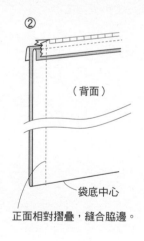

（背面）

袋底中心

正面相對摺疊，縫合脇邊。

吊耳
（原寸裁剪）
（2片）

6

6

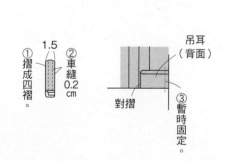

①摺成四褶。

1.5

②車縫0.2cm

對摺

吊耳（背面）

③暫時固定。

花片

③

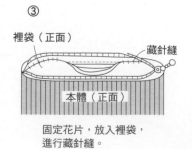

裡袋（正面）　藏針縫

本體（正面）

固定花片，放入裡袋，進行藏針縫。

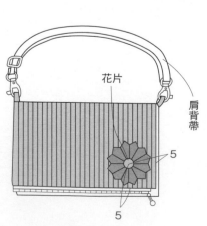

花片

肩背帶

5

5

①

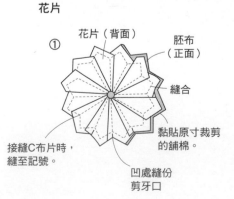

花片（背面）　胚布（正面）

縫合

接縫C布片時，縫至記號。

凹處縫份剪牙口

黏貼原寸裁剪的舖棉。

②

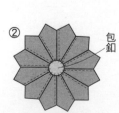

包釦

由中心孔洞翻向正面，進行落針壓縫，以藏針縫縫上包釦。

完成尺寸

20×30cm

◆材料
A用布2種各75×50cm B、C用布110×55cm（包含袋口布、滾邊、拉鍊裝飾片部分）舖棉、胚布各100×50cm 長36cm 拉鍊1條（拉片為球形）長48cm 提把1組

◆作法順序
拼接A、B布片，接縫C布片，完成表布→疊合舖棉與胚布，進行壓線→正面相對由袋底中心摺疊，縫合脇邊與側身→沿著袋口進行滾邊→製作袋口布，接縫於本體→固定拉鍊裝飾片→接縫提把。

◆作法重點
○脇邊縫份處理方法請參照P.67作法A。

完成尺寸　34.5×40cm

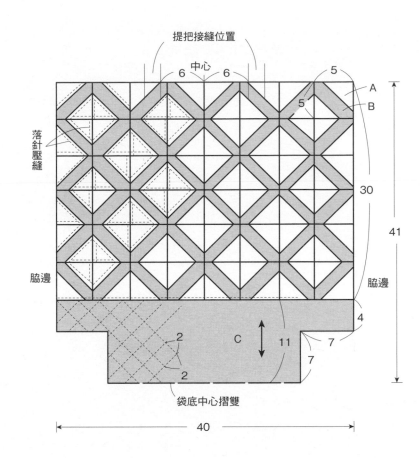

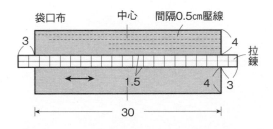

袋口布　中心　間隔0.5cm壓線
3　4　拉鍊
1.5　4　3
30

側身縫法

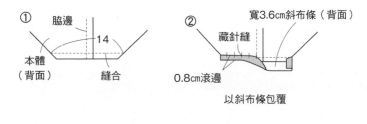

① 脇邊　14　本體（背面）　縫合
② 寬3.6cm斜布條（背面）　藏針縫　0.8cm滾邊　以斜布條包覆

拉鍊裝飾

（原寸裁剪）
直徑4cm圓形

① 縫合0.3cm

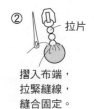
② 拉片
摺入布端，拉緊縫線，縫合固定。

袋口布

① 袋口布（正面）　胚布（背面）　舖棉
8cm返口　縫合

② 翻向正面，進行壓線。

③ 袋口布（正面）　拉鍊（正面）　1.4　車縫

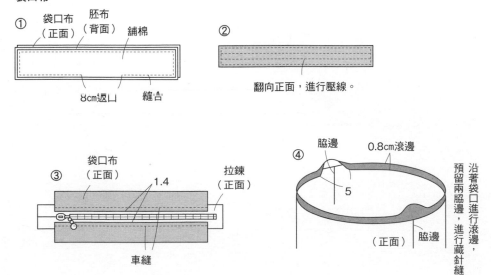

④ 脇邊　0.8cm滾邊　5　脇邊　（正面）
沿著袋口進行滾邊，預留兩脇邊，進行藏針縫。

⑤ 沿著袋口進行藏針縫　以回針縫接縫提把
夾入拉鍊邊端，斜布條進行藏針縫。

◆材料
各式彩繪玻璃拼布配色用布片　A至E用布110×45cm
（包含滾邊部分）　舖棉、胚布、裡袋用布各50×75cm
長48cm　提把1組　寬0.6cm　接著斜布條210cm　薄接著襯
30×25cm
◆作法順序
以彩繪玻璃拼布作法，完成前片中央部分（請參照
P.21）→周圍接縫A至E布片，彙整成表布→疊合舖
棉、胚布，進行壓線→依圖示完成縫製。

完成尺寸　30.5×42cm

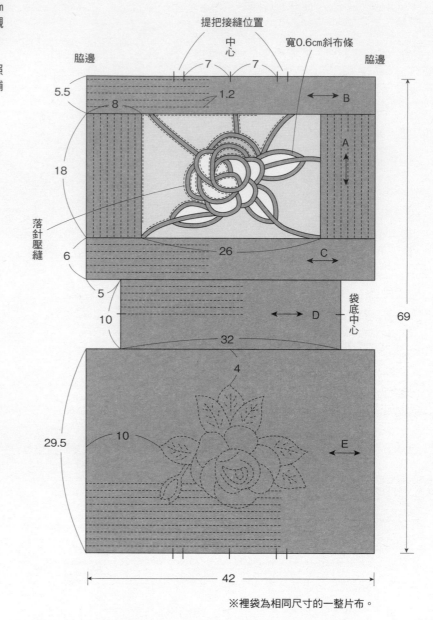

※裡袋為相同尺寸的一整片布。

縫製方法

①

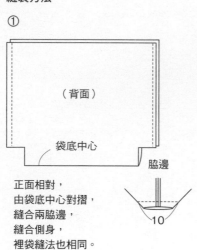

（背面）

袋底中心

脇邊

10

正面相對，
由袋底中心對摺，
縫合兩脇邊，
縫合側身，
裡袋縫法也相同。

②

寬4.5cm斜布條（背面）

本體（正面）

本體袋口正面相對疊合斜布條，
進行縫合。

③

提把

縫合邊緣

1.2

朝著內側反摺斜布條，
沿著邊緣進行縫合，
以回針縫接縫提把。

④

裡袋（正面）

藏針縫

本體內側，
以藏針縫縫合固定裡袋。

◆材料
花朵（1朵的用量）　花瓣、花心用布30×25cm
葉片用布10×20cm　舖棉30×20cm　薄接著襯、
毛氈各適量
花圈　直徑24cm　花圈基底1個　寬2cm　蕾絲120cm
直徑1.3cm　珍珠裝飾適量

◆作法順序
製作花心、花瓣、葉片→以花心為中心捲繞花
瓣、葉片，縫合固定基部→基部黏貼毛氈→花圈
基底捲繞蕾絲，以熱溶膠固定花朵與葉片→插入
珍珠裝飾。

◆作法重點
○花圈基底先捲繞蕾絲。

完成尺寸　花朵　寬7至8cm

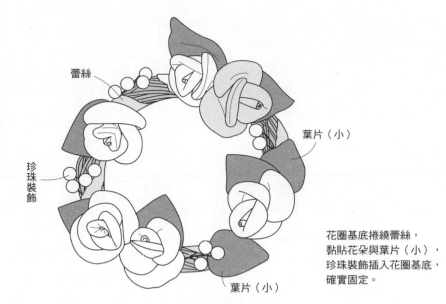

蕾絲
葉片（小）
珍珠裝飾
葉片（小）

花圈基底捲繞蕾絲，
黏貼花朵與葉片（小），
珍珠裝飾插入花圈基底，
確實固定。

花瓣（大）
6
返口
7

花瓣（小）
5.5
返口
6

葉片（大）
8.3
返口
7.3

葉片（小）
7.5
返口
6.5

花心
（原寸裁剪）
7
14

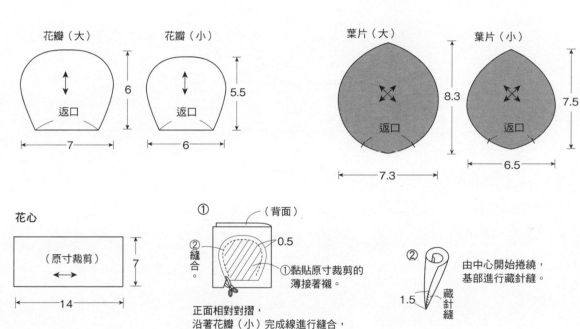

①
（背面）
0.5
②縫合。
①黏貼原寸裁剪的
薄接著襯。

正面相對對摺，
沿著花瓣（小）完成線進行縫合，
預留縫份，進行修剪。

②
1.5
藏針縫

由中心開始捲繞，
基部進行藏針縫。

花瓣作法（葉片作法相同）

①
（正面）
舖棉
0.5
（背面）

正面相對疊合2片布片，
疊合舖棉，進行縫合，
預留縫份，進行修剪。

②
（正面）

翻向正面
（以藏針縫縫合葉片返口）

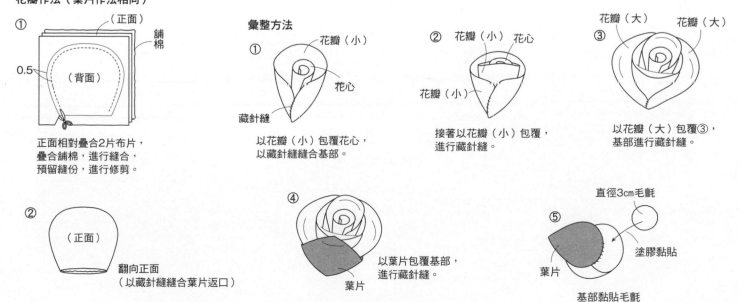

彙整方法

①
花瓣（小）
花心
藏針縫

以花瓣（小）包覆花心，
以藏針縫縫合基部。

②
花瓣（小）　花心
花瓣（小）

接著以花瓣（小）包覆，
進行藏針縫。

③
花瓣（大）　花瓣（大）

以花瓣（大）包覆③，
基部進行藏針縫。

④
以葉片包覆基部，
進行藏針縫。
葉片

⑤
直徑3cm毛氈
塗膠黏貼
葉片

基部黏貼毛氈

◆材料
各式拼接用布片 O用布60×30cm（包含吊耳、拉鍊尾片部分） NN'用布65×25cm 舖棉、胚布各65×40cm 長30cm 拉鍊1條 附活動鉤肩背帶 1條

◆作法順序
拼接布片，完成圖案，接縫N至O布片，完成前片與後片表布→疊合舖棉與胚布，依圖示完成縫製→鉤掛肩背帶。

◆作法順序
○沿著縫合針目邊緣，修剪袋口與口袋口舖棉。

完成尺寸 17.5×27cm

圖案配置圖

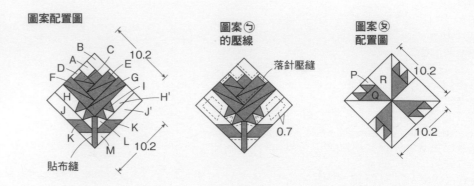

圖案㋑的壓線

圖案㋘配置圖

落針壓縫

貼布縫

0.7

10.2

10.2

10.2

縫製方法

①

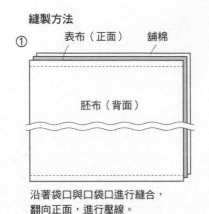

沿著袋口與口袋口進行縫合，翻向正面，進行壓線。

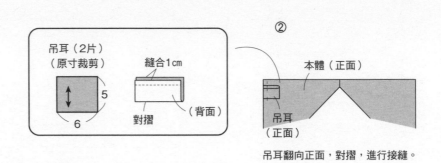

吊耳（2片）（原寸裁剪）

縫合1cm

對摺

（背面）

5

6

②

本體（正面）

吊耳（正面）

吊耳翻向正面，對摺，進行接縫。

③

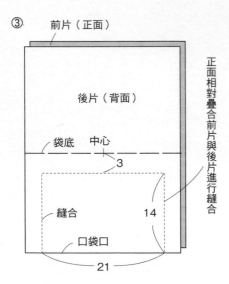

前片（正面）

後片（背面）

袋底 中心

3

縫合

14

口袋口

21

正面相對疊合前片與後片進行縫合

④

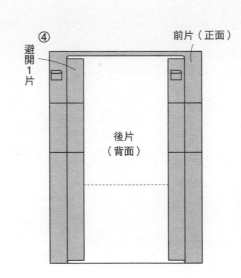

避開1片

前片（正面）

後片（背面）

⑤

縫合前片脇邊

口袋口

前片（背面）

由袋底摺疊

⑥

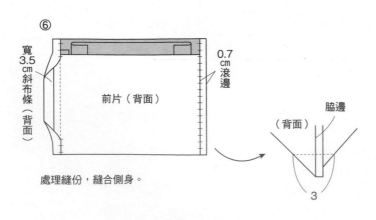

寬3.5cm斜布條（背面）

前片（背面）

0.7cm滾邊

處理縫份，縫合側身。

（背面）

脇邊

3

⑦

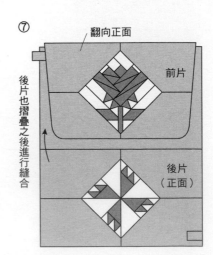

翻向正面

前片

後片片也摺疊之後進行縫合

後片（正面）

⑧

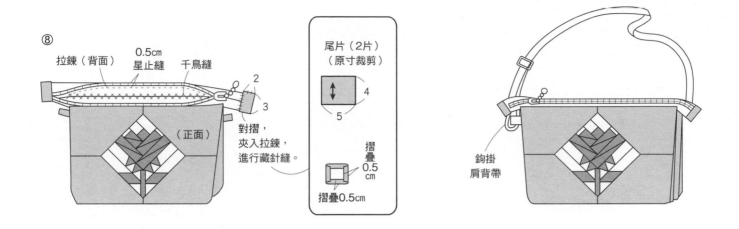

拉鍊（背面）　0.5cm　星止縫　千鳥縫

（正面）

2
3

對摺，
夾入拉鍊，
進行藏針縫。

尾片（2片）
（原寸裁剪）

4
5

摺疊
0.5
cm

摺疊0.5cm

鉤掛
肩背帶

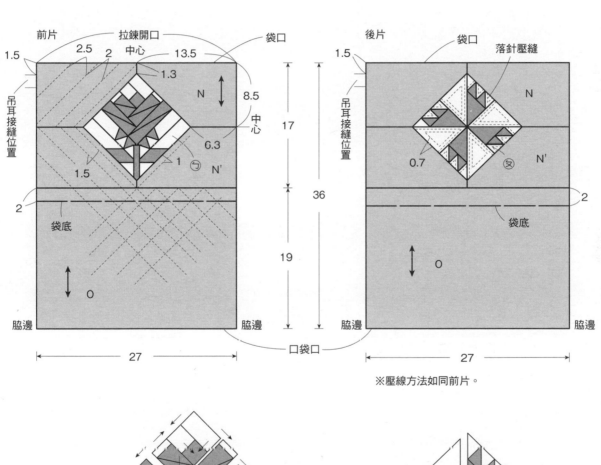

前片　　拉鍊開口　　　　袋口

1.5　2.5　2　中心　13.5

1.3

N

8.5

中心

吊耳接縫位置

17

6.3

1

N'

1.5

2

袋底

36

19

O

脇邊　　　　　　　　　　脇邊

27

口袋口

後片　　　　袋口　　落針壓縫

1.5

N

吊耳接縫位置

0.7

N'

2

袋底

O

脇邊　　　　　　　　　　脇邊

27

※壓線方法如同前片。

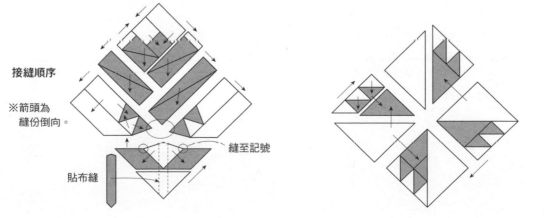

接縫順序

※箭頭為
　縫份倒向。

縫至記號

貼布縫

83

◆材料
各式貼布縫用布片　前、後片用布65×60cm（包含袋底、滾邊部分）　舖棉、胚布各
80×35cm　薄接著襯30×35cm　長41cm　提把1組

◆作法順序
進行貼布縫，完成前片與後片表布→疊合舖棉與胚布，依圖示完成縫製→接縫提把。

◆作法重點
○莖部以外部分的貼布縫布片背面，分別黏貼原寸裁剪的接著襯，預留縫份0.3cm，
　進行裁布。
○沿著縫合針目邊緣修剪舖棉。

完成尺寸　30×30cm

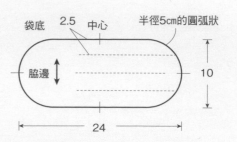

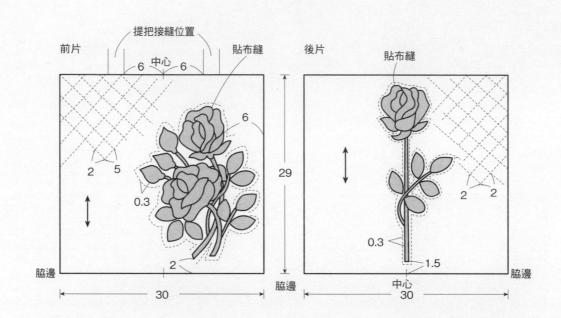

縫製方法

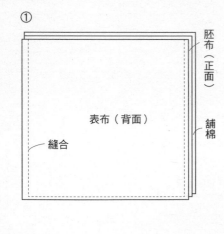

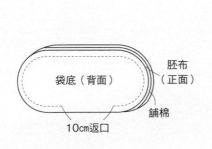

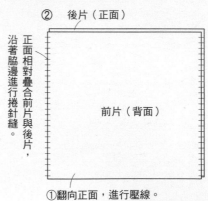

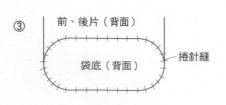

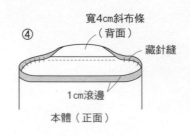

No.21 手提袋　●紙型A面❼（原寸貼布縫圖案）

◆材料（1件的用量）
花朵貼布縫用布50×25cm 本體、袋口裡側貼邊用布
50×90cm 裡袋用布、舖棉、胚布各75×50cm 接著襯
50×10cm 直徑2cm 磁釦1組 直徑1.5cm按釦 1組 長60cm
（或50cm）提把1組 葉片用布適量

◆作法順序
進行MOLA貼布縫，完成表布→疊合舖棉與胚布，進行壓線
→正面相對由袋底中心摺疊，縫合脇邊與側身→製作裡袋→
袋口裡側貼邊接縫成圈，依圖示接縫於袋口，接縫提把→固
定按釦。

◆作法重點
○MOLA貼布縫方法請參照P.21。
○提把稍微斜斜地接縫。

袋口裡側貼邊

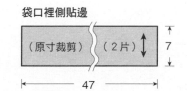

（原寸裁剪）　（2片）　7
47

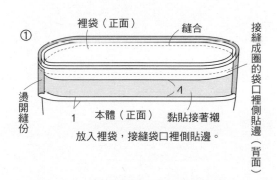
① 裡袋（正面）　縫合
邊開縫份　本體（正面）　黏貼接著襯
放入裡袋，接縫袋口裡側貼邊。
接縫成圈的袋口裡側貼邊（背面）

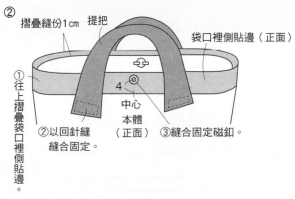
② 摺疊縫份1cm　提把
袋口裡側貼邊（正面）
①往上摺疊袋口裡側貼邊。
中心
本體（正面）
②以回針縫縫合固定。　③縫合固定磁釦。

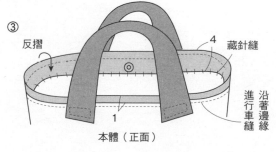
③ 反摺　4　藏針縫
沿著邊緣進行車縫
本體（正面）

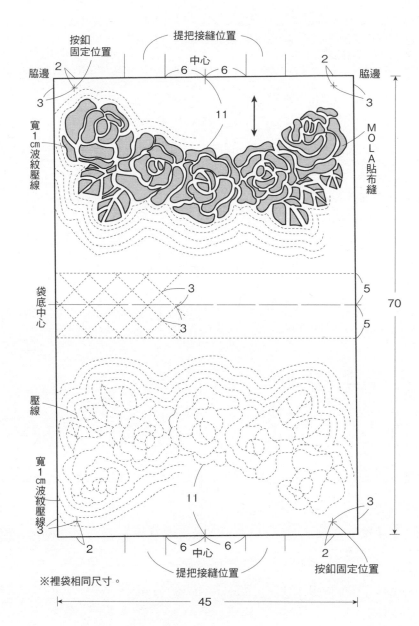
按釦固定位置　提把接縫位置
脇邊　中心　脇邊
2　6　6　2
3　3
寬1cm波紋壓線　11　MOLA貼布縫
袋底中心　3　5　3　5
壓線
寬1cm波紋壓線　11
3　3
2　6　6　2
中心
提把接縫位置　按釦固定位置
※裡袋相同尺寸。
70
45

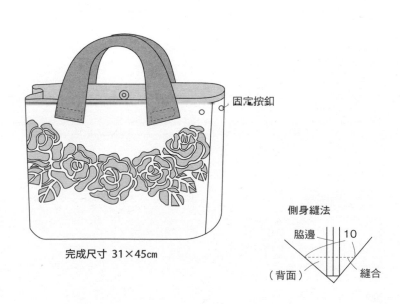
固定按釦
完成尺寸 31×45cm

側身縫法
脇邊　10
（背面）　縫合

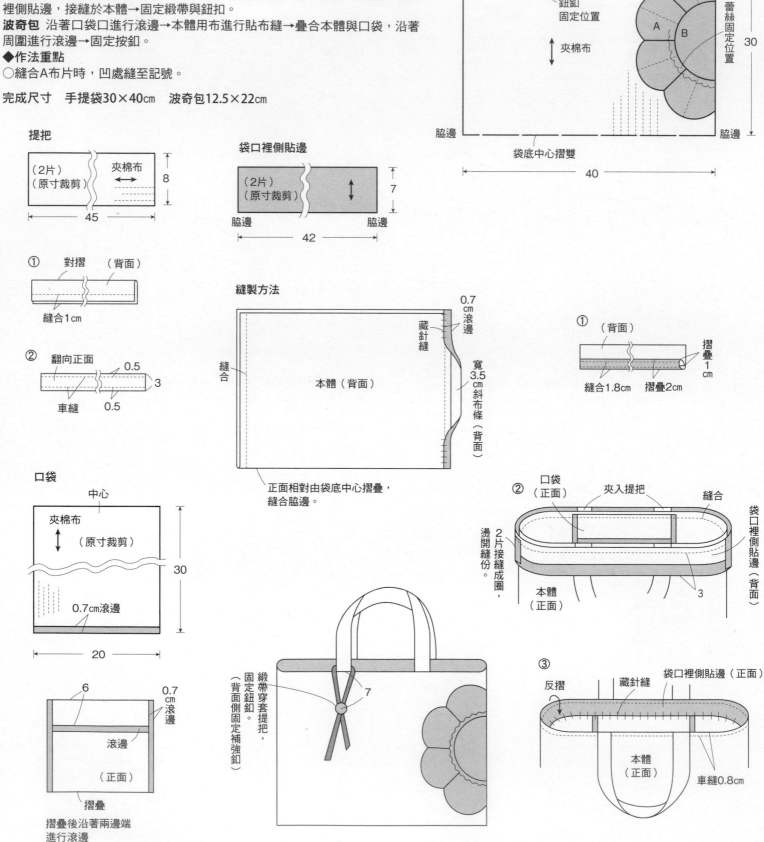

◆材料
手提袋 各式貼布縫用布片 夾棉布65×85cm 袋口裡側貼邊用布45×40cm
（包含斜布條部分） 寬0.5cm 蕾絲25cm 寬0.6cm 緞帶45cm 直徑1.7cm 鈕釦
1顆 直徑0.7cm 補強釦 1顆
波奇包 各式貼布縫用布片 夾棉布35×25cm 寬3.5cm 斜布條90cm 直徑1cm
按釦1組

◆作法順序
手提袋 本體用布進行貼布縫，固定蕾絲→縫合脇邊→製作口袋、提把、袋口
裡側貼邊，接縫於本體→固定緞帶與鈕扣。
波奇包 沿著口袋口進行滾邊→本體用布進行貼布縫→疊合本體與口袋，沿著
周圍進行滾邊→固定按釦。

◆作法重點
○縫合A布片時，凹處縫至記號。

完成尺寸　手提袋30×40cm　波奇包12.5×22cm

提把
（2片）（原寸裁剪） 夾棉布 8 / 45
① 對摺 （背面） 縫合1cm
② 翻向正面 0.5 3 車縫 0.5

袋口裡側貼邊
（2片）（原寸裁剪） 7
脇邊　脇邊 42
① （背面） 摺疊1cm 縫合1.8cm 摺疊2cm

縫製方法
0.7cm滾邊 藏針縫 縫合 本體（背面） 寬3.5cm斜布條（背面）
正面相對由袋底中心摺疊，縫合脇邊。

② 口袋（正面） 夾入提把 縫合 袋口裡側貼邊（背面） 2片接縫成圈，燙開縫份。 本體（正面） 3

③ 反摺 藏針縫 袋口裡側貼邊（正面） 本體（正面） 車縫0.8cm

口袋
中心 夾棉布 （原寸裁剪） 30 / 0.7cm滾邊 / 20
6 0.7cm滾邊 滾邊 （正面） 摺疊
摺疊後沿著兩邊端進行滾邊

緞帶穿套提把，固定鈕釦。（背面側固定補強釦） 7

手提袋
本體 提把接縫位置 貼布縫
6 中心 6 3
7 13.5 鈕釦固定位置 A B 蕾絲固定位置 30
夾棉布
脇邊 袋底中心摺雙 脇邊 40

波奇包

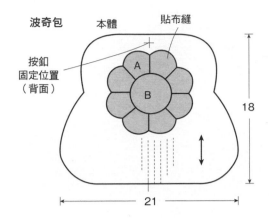

本體　貼布縫
按釦固定位置（背面）
18
21

口袋　按釦固定位置
0.7cm滾邊
10.3
21

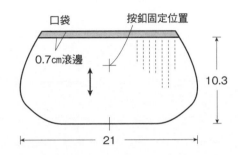

縫製方法

① 寬3.5cm斜布條（背面）
0.7cm滾邊
口袋（背面）
沿著口袋口進行滾邊

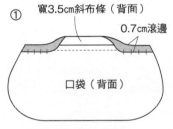

② 0.7cm滾邊
本體（背面）
口袋（正面）
寬3.5cm斜布條（背面）
本體疊合口袋，沿著周圍進行滾邊。

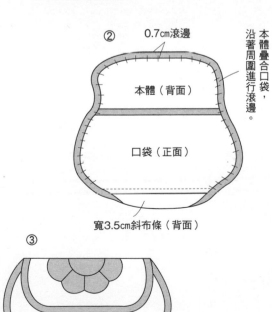

③
內側固定按釦

零錢包
0.8cm滾邊　中心　拉鍊開口
K　J
H　G　縫合位置
F　D
E　1
I　C B A B'　拉鍊開口
23
24

圖案的壓線方法
落針壓縫

落針壓縫
①
（背面）
寬3.5cm斜布條（背面）
藏針縫
0.8cm滾邊
沿著周圍進行滾邊

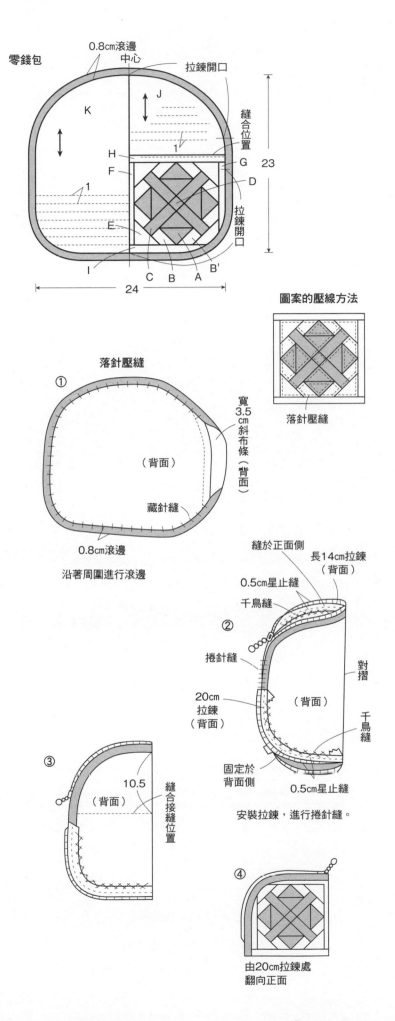

縫於正面側　長14cm拉鍊（背面）
0.5cm星止縫
千鳥縫
捲針縫
20cm拉鍊（背面）
（背面）
對摺
千鳥縫
固定於背面側
0.5cm星止縫
安裝拉鍊，進行捲針縫。

②

③
10.5
（背面）
縫合接縫位置

④
由20cm拉鍊處翻向正面

輪廓繡

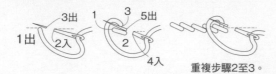

重複步驟2至3。

雛菊繡

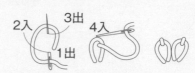

法國結粒繡

鎖鍊繡

重複步驟2至3。

平針繡

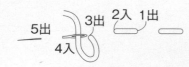

飛羽繡

緞面繡

平針繡

一邊調節針目，
一邊重複步驟2至3。

雙重十字繡

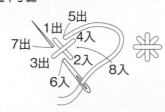

魚骨繡

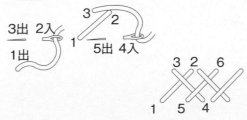

直線繡

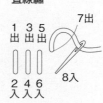

8字結粒繡

繡線捲繞
成8字形

稍微拉緊這條線，
繡針由1穿出後，
由近旁位置穿入。

毛邊繡

重複步驟2至3。

回針繡

◆材料
各式拼接、貼布縫用布片 F用布40×25㎝（包含CC'布片部分）
舖棉、胚布各35×30㎝
◆作法順序
拼接A至D布片，完成下部區塊→F布片進行貼布縫，縫上E布片，接縫區塊，完成表布→依圖示完成縫製。

完成尺寸　25×30㎝

縫製方法

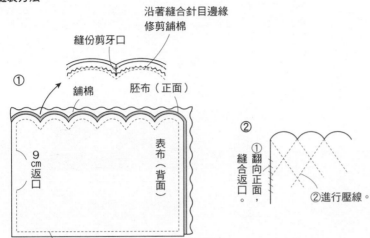

沿著縫合針目邊緣修剪舖棉
縫份剪牙口
①
舖棉
胚布（正面）
9cm返口
表布（背面）
②
①翻向正面，縫合返口。
②進行壓線。
正面相對疊合表布與胚布，疊合舖棉，縫合周圍。

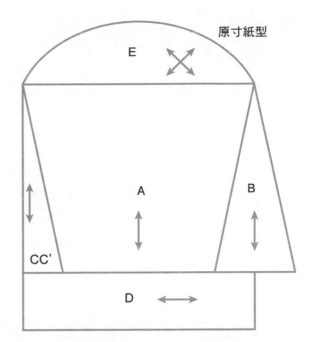

原寸紙型
E
A
B
CC'
D

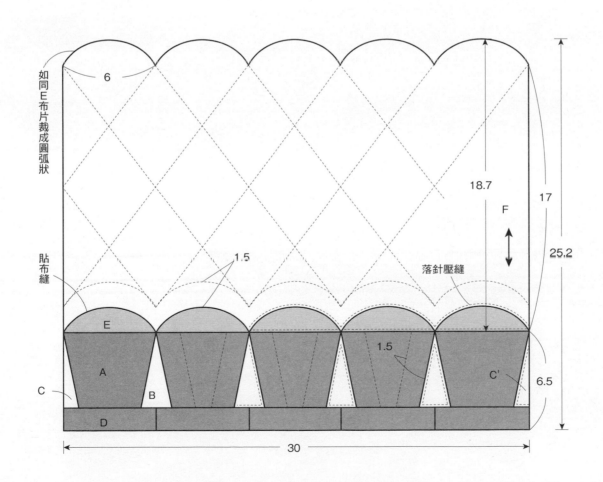

如同E布片裁成圓弧狀
貼布縫
6
1.5
落針壓縫
18.7
F
17
25.2
E
A
B
1.5
C'
C
D
6.5
30

◆材料
各式裝飾片用布 台布2種110×80cm（包含區塊C、D、提把、
滾邊部分） 厚接著襯80×30cm 薄針織接著襯80×40cm 舖棉
40×10cm 裡布90×35cm
◆作法順序
製作教堂之窗主題圖案（請參照P.36）→圖案進行捲針縫，製作
區塊A與B→製作區塊C、D→製作前片與後片→製作提把→依圖
示完成縫製。

完成尺寸 36.5×38cm

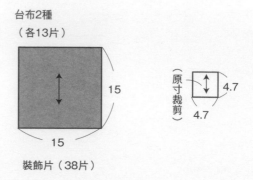

台布2種
（各13片）

15

15

（原寸裁剪）

4.7

4.7

裝飾片（38片）

區塊C2種（各2片）

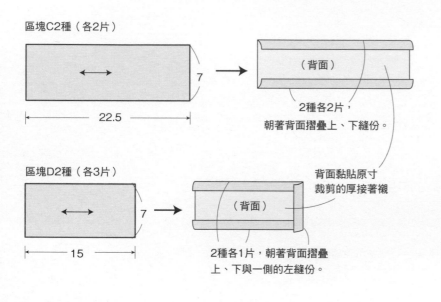

7

22.5

（背面）

2種各2片，
朝著背面摺疊上、下縫份。

背面黏貼原寸
裁剪的厚接著襯

區塊D2種（各3片）

7

15

（背面）

2種各1片，朝著背面摺疊
上、下與一側的左縫份。

區塊A2種（各3片）

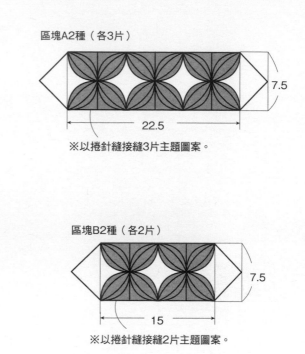

7.5

22.5

※以捲針縫接縫3片主題圖案。

區塊B2種（各2片）

7.5

15

※以捲針縫接縫2片主題圖案。

前、後片

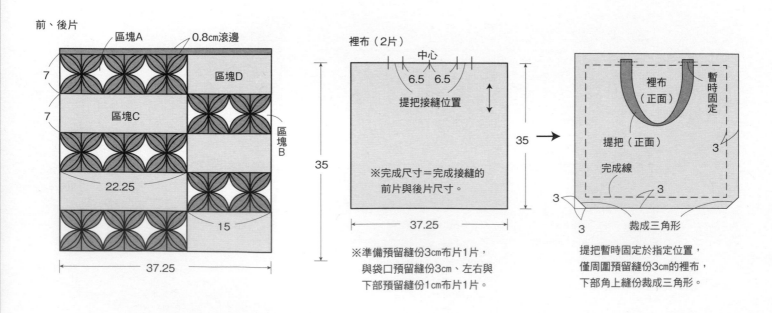

區塊A

0.8cm滾邊

7

7

區塊D

區塊C

區塊B

22.25

15

37.25

裡布（2片）

中心

6.5 6.5

提把接縫位置

35

35

37.25

※完成尺寸＝完成接縫的
前片與後片尺寸。

※準備預留縫份3cm布片1片，
與袋口預留縫份3cm，左右與
下部預留縫份1cm布片1片。

裡布
（正面）

暫時固定

提把（正面）

完成線

3

3

3

裁成三角形

提把暫時固定於指定位置，
僅周圍預留縫份3cm的裡布，
下部角上縫份裁成三角形。

提把（2條）　　　　裁剪2種各2片　　　　　　　　　　提把

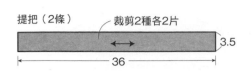

3.5
← 36 →

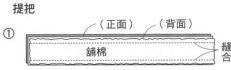

① （正面）（背面）
鋪棉　　縫合
1種2片正面相對疊合，疊合鋪棉進行縫合。

② 0.2　（正面）　1　車縫
沿著縫合針目邊緣修剪鋪棉，
翻向正面，進行車縫。

前、後片

① 區塊A（正面）　縫合
重疊0.25cm
0.2
區塊C（正面）

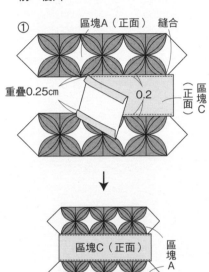

區塊C（正面）
區塊A（正面）
區塊C（正面）

區塊C疊合於區塊A寬0.25cm，
由正面側進行車縫。

② 區塊D（正面）　區塊B（正面）
摺入縫份側
區塊D
摺入上下縫份的
區塊D（正面）

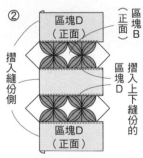

區塊B與D作法相同

③ 朝著背面摺疊區塊B的裝飾片
縫合

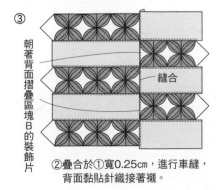

②疊合於①寬0.25cm，進行車縫，
背面黏貼針織接著襯。

縫製方法

① 原寸裁剪寬3.5cm
斜布條（背面）
2.75　　3　　0.8
裡布（背面）

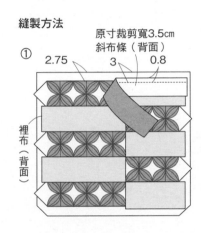

裡布暫時固定提把，
對齊裡布的完成線，
背面相對疊合前片，
上部正面相對疊合斜布條，進行縫合。
（教堂部分預留縫份0.25cm）

② 1cm滾邊　立起提把，
以藏針縫縫於滾邊部分。

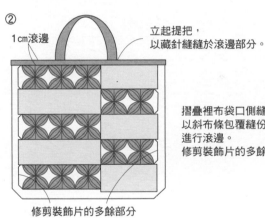

摺疊裡布袋口側縫份，
以斜布條包覆縫份，
進行滾邊。
修剪裝飾片的多餘部分。

修剪裝飾片的多餘部分

③ 前片（正面）　後片（背面）

背面相對疊合前片與後片，
沿著完成尺寸內側0.25cm處進行縫合。
摺疊周圍裡布縫份3cm，
以斜布條進行滾邊。
（參照P.66，角上進行書框式滾邊）

0.8cm滾邊

原寸裁剪寬3.5cm
斜布條（背面）

◆材料（1件的用量）
花朵貼布縫用布30×30㎝ 葉片貼布縫用布
40×30㎝ 表布70×30㎝（包含滾邊部分）
舖棉、胚布各45×30㎝ 補強片25×10㎝
◆作法順序
◆作法順序
表布進行貼布縫，縫上葉片與花朵→疊合舖棉
與胚布，進行壓線→依圖示完成縫製。

完成尺寸 12.5×24.5×6.5㎝

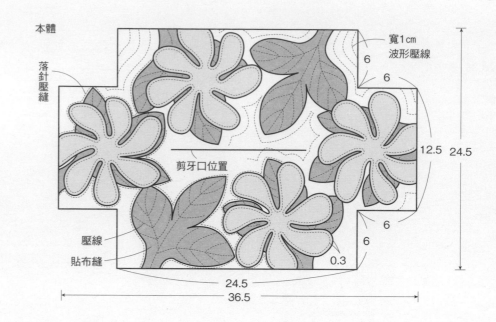

本體

寬1cm
波形壓線

落針壓縫

剪牙口位置

壓線
貼布縫

6
6
12.5 24.5
6
6
0.3
24.5
36.5

補強片

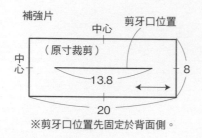

中心
剪牙口位置
中心
（原寸裁剪）
13.8
8
20
※剪牙口位置先固定於背面側。

縫製方法

①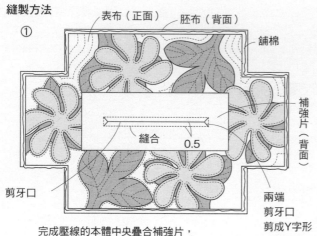

表布（正面） 胚布（背面）
舖棉
補強片（背面）
縫合 0.5
剪牙口
兩端
剪牙口
剪成Y字形

完成壓線的本體中央疊合補強片，
沿著剪牙口位置外側0.5cm處進行縫合，
剪牙口至本體為止。

②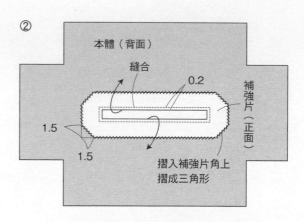

本體（背面）
縫合
0.2
補強片（正面）
1.5
1.5
摺入補強片角上
摺成三角形

沿著縫合針目邊緣修剪舖棉，由剪牙口處，
將補強片摺向背面側，沿著開口邊緣，由正面側進行縫合。
摺入縫份，以藏針縫縫於胚布。

③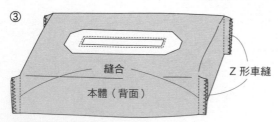

縫合
本體（背面）
Z 形車縫

摺疊側面，正面相對疊合邊端，進行縫合。
以Z形車縫處理縫份。

④

本體（正面）
0.8
cm
滾邊

以原寸裁剪寬3.5cm斜布條，進行下部滾邊。

◆材料
相同 各式裝飾片 台布100×80cm 極薄鋪棉
35×20cm 寬3cm 蕾絲180cm
No.35 A用布55×60cm 裡布60×60cm 直徑0.6cm
珍珠 25顆
No.36 表布110×50cm（包含後片部分） 長40cm
拉鍊1條
◆作法順序
No.35 參照P.36，完成16片主題圖案→接縫成
4×4列，以藏針縫縫上裝飾片（參照P.31、
P.61），疊合4×4cm 鋪棉→依圖示完成縫製→固
定串珠。
No.36 如同P.42作法，製作教堂之窗圖案，表布
縫上蕾絲，進行貼布縫，縫上圖案，完成前片→後
片安裝拉鍊，完成縫製。

完成尺寸 No.35 57×57cm No.36 45×45cm

台布
（16片） 18

18

裝飾片（原寸裁剪）
（40片）

6

6

※抱枕相同。

壁飾縫製方法

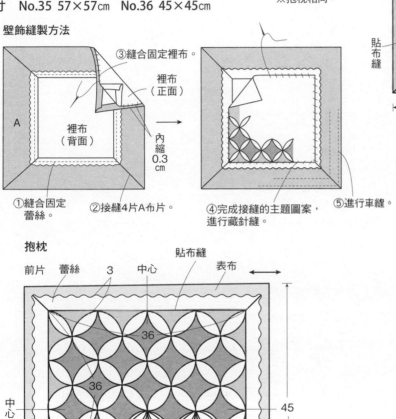

①縫合固定
蕾絲。 　②接縫4片A布片。 　④完成接縫的主題圖案，
進行藏針縫。 　⑤進行車縫。

③縫合固定裡布。
裡布（正面）
A 裡布（背面）
內縮0.3cm

抱枕

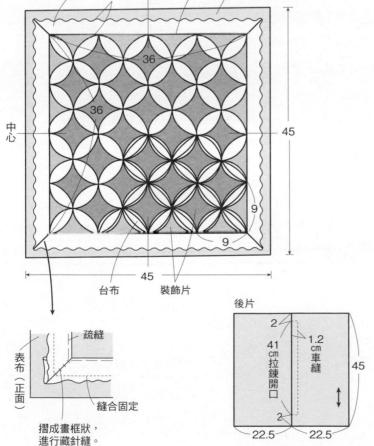

前片 蕾絲 3 中心 貼布縫 表布
中心
45
45
台布 裝飾片

9
9

疏縫
表布（正面）
縫合固定
摺成畫框狀，
進行藏針縫。

後片
2
41cm拉鍊開口
1.2cm車縫
2
45
22.5 22.5

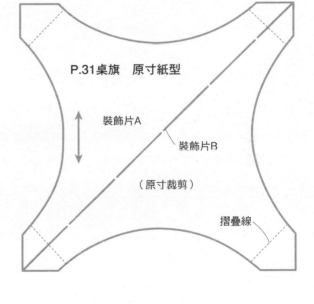

壁飾
台布 裝飾片 串珠 蕾絲
2.5 10.5
0.6 10.5
2.5
5
36
57
A
車縫
9
貼布縫
9
36
57

P.31桌旗　原寸紙型
裝飾片A
裝飾片B
（原寸裁剪）
摺疊線

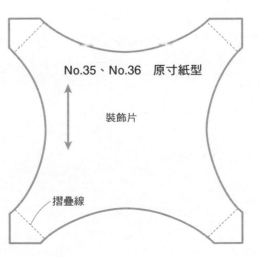

No.35、No.36　原寸紙型
裝飾片
摺疊線

◆材料
各式裝飾片 台布用白色印花布110×360cm 滾邊用
寬3.5cm 斜布條380cm 直徑0.6cm 珍珠21顆

◆作法順序
參照P.36，完成80片主題圖案→接縫成8×10列，
以藏針縫縫上裝飾片→進行周圍滾邊→固定珍珠。

完成尺寸　101.5×81.5cm

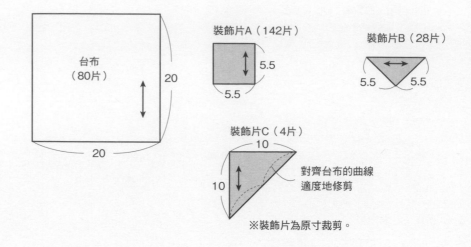

台布
（80片）
20
20

裝飾片A（142片）
5.5
5.5

裝飾片B（28片）
5.5　5.5

裝飾片C（4片）
10
10
對齊台布的曲線
適度地修剪

※裝飾片為原寸裁剪。

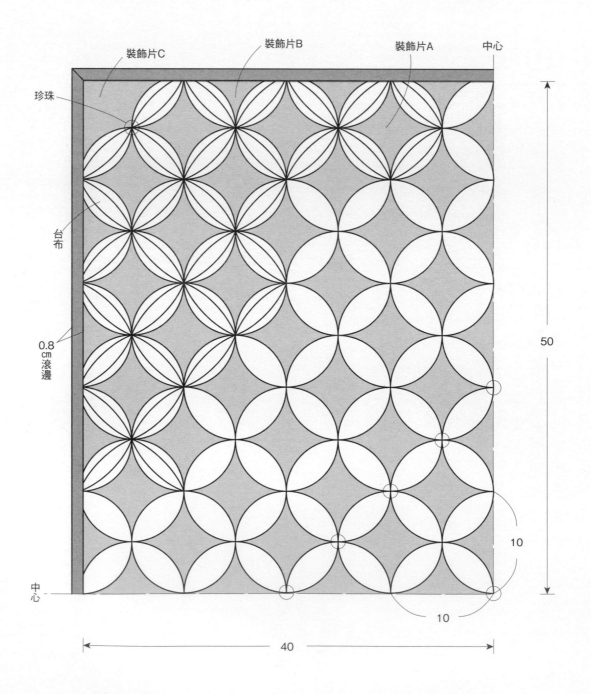

裝飾片C　裝飾片B　裝飾片A　中心

珍珠

台布

0.8cm滾邊

中心

50

10

40

10

◆材料
各式裝飾片 台布用原色素布100×400cm

◆作法順序
參照P.36，完成96片主題圖案→接縫成8×12
列，以藏針縫縫上裝飾片。

完成尺寸　No.40 108×72cm

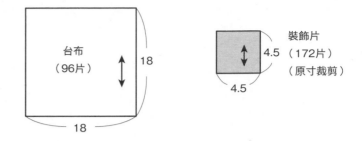

台布
（96片）
18
18

裝飾片
（172片）
（原寸裁剪）
4.5
4.5

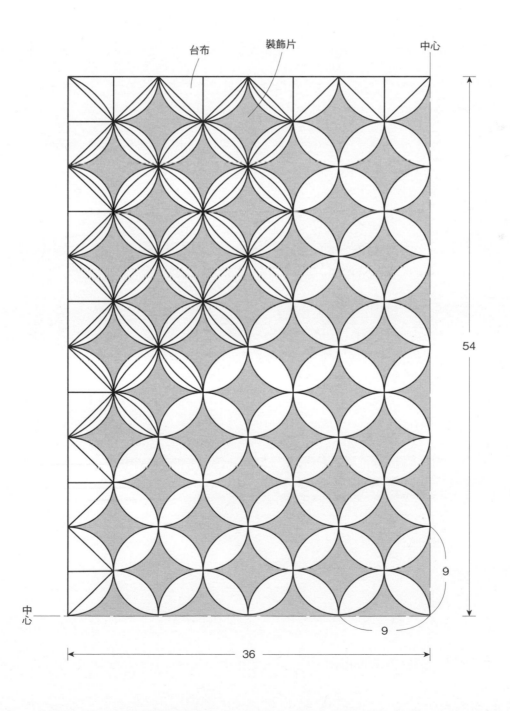

台布　　裝飾片　　中心

中心

54

9

9

36

◆材料

各式拼接、貼布縫用布片 B、C用布35×25cm D用布30×10cm
（包含貼布縫的花心部分） G、H用布60×60cm 滾邊用寬3.7cm
斜布條250cm 舖棉、胚布各65×65cm 寬0.3cm 織帶30cm 刺繡用
壓縫線適量

◆作法順序

拼接A至F布片與進行貼布縫，完成4片圖案（請參照P.51）→接
縫成2×2列，周圍接縫G、H布片，彙整成表布→疊合舖棉、胚
布，進行壓線→進行刺繡→進行周圍滾邊，沿著滾邊部位邊緣進
行刺繡。

完成尺寸　55.5×55.5cm

圖案配置圖

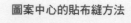
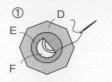

※E布片為流蘇用（原寸裁剪）。

圖案中心的貼布縫方法

①D布片依序疊合E、F布片，以藏針縫縫上F布片。

②鬆開E布片周圍，處理成流蘇狀。

花朵中心的貼布縫方法

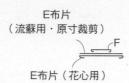

E布片（花心用）
E布片（流蘇用・原寸裁剪）
E布片（流蘇用・原寸裁剪）
E布片（花心用）

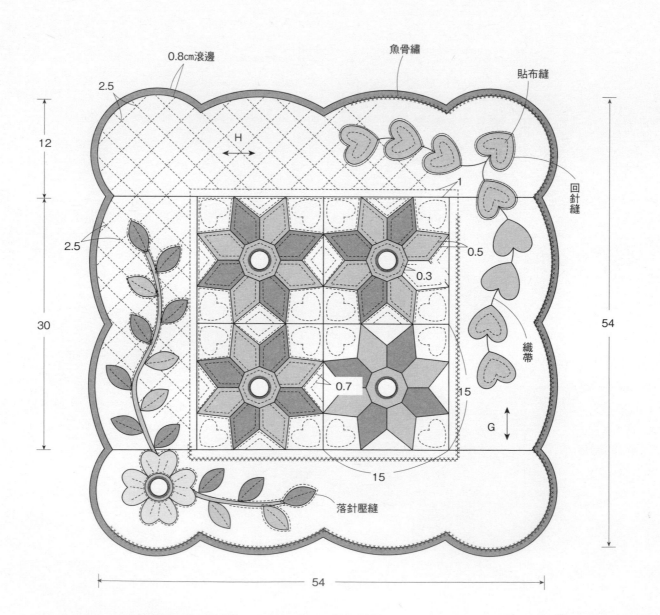

0.8cm滾邊
魚骨繡
貼布縫
回針縫
織帶
落針壓縫

◆材料
各式拼接用布片 B用綠色布110×45cm A、E用灰色花布110×60cm V、W用布110×140cm（包含圖案Ｃ、滾邊部分）
舖棉、胚布各75×360cm 25號繡線適量

◆作法順序
拼接布片完成31片圖案Ａ、28片圖案Ｄ、4片圖案Ｎ，接縫成7×9列→拼接Q至S布片，完成64個區塊，接縫T至W布片→製作4片圖案Ｃ→接縫圖案Ａ至Ｎ周圍，完成表布→進行刺繡→疊合舖棉、胚布，進行壓線→進行周圍滾邊（請參照P.66）。

◆作法重點
○沿著刺繡邊緣進行落針壓縫。

完成尺寸　170.5×140.5cm

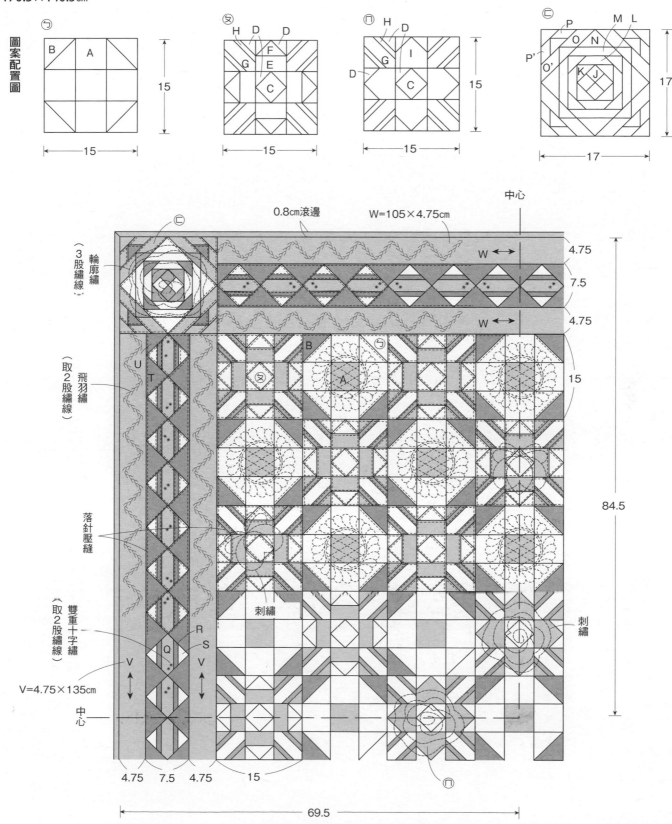

◆材料
台布80×210cm（包含橫桿穿入部位部分） 配色布100×30cm 橫桿包覆用布
55×15cm 直徑1cm 長40cm 橫桿2根 寬1.5cm 串珠2顆 刺子繡線適量

◆作法順序
製作教堂之窗主題圖案，接縫成2×5列→疊合配色布，進行藏針縫→製作橫桿穿
入部位，以藏針縫固定於本體背面→製作橫桿，穿入橫桿穿入部位。

◆作法重點
○教堂之窗作法請參照P.36（縫合台布後完成製作的方法）。
○以寬38cm和服布製作台布時，尺寸為38×420cm。

完成尺寸　90×36cm

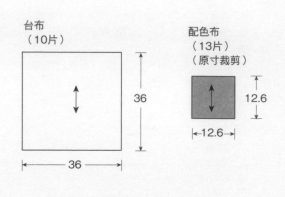

台布
（10片）

36

配色布
（13片）
（原寸裁剪）

12.6

←12.6→

配色布　台布

90

36

橫桿固定位置

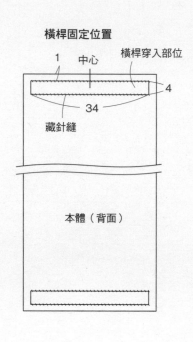

1　中心　橫桿穿入部位

4

34

藏針縫

本體（背面）

橫桿穿入部位作法

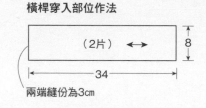

（2片）

8

34

兩端縫份為3cm

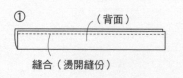

①　（背面）

縫合（燙開縫份）

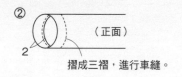

②　（正面）

2

摺成三褶，進行車縫。

橫桿
（2片）（原寸裁剪）

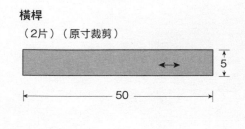

5

50

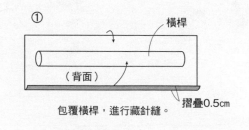

①　橫桿

（背面）

摺疊0.5cm

包覆橫桿，進行藏針縫。

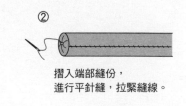

②

摺入端部縫份，
進行平針縫，拉緊縫線。

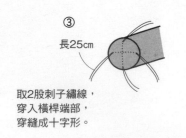

③　長25cm

取2股刺子繡線，
穿入橫桿端部，
穿縫成十字形。

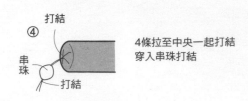

④

串珠

打結

打結

4條拉至中央一起打結
穿入串珠打結

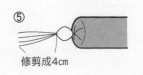

⑤

修剪成4cm

◆材料

相同 各式拼接用布片（包含包釦部分） 直徑2.5cm 包釦心4顆

No.49 D用白色印花布65×40cm B、CC'用蕾絲布 55×15cm 袋口布90×25cm 舖棉、胚布、裡袋用 布各65×50cm 滾邊用寬3.5cm 斜布條90cm 寬0.6 cm 緞帶120cm 長30cm 提把1組 直徑0.4cm 繩帶 180cm

No.50 b用印花布50×35cm 袋口布75×20cm 舖 棉、胚布、裡袋用布各50×40cm 滾邊用寬3.5cm 斜布條70cm 寬1cm 蕾絲100cm 長22cm 提把1組 直 徑0.4cm 繩帶150cm

◆作法順序（相同）

拼接布片完成袋身表布→疊合舖棉與胚布，進行壓 線→以藏針縫縫上緞帶（No.50縫上蕾絲）→製作 袋口布→依圖示完成縫製→以回針縫接縫提把。

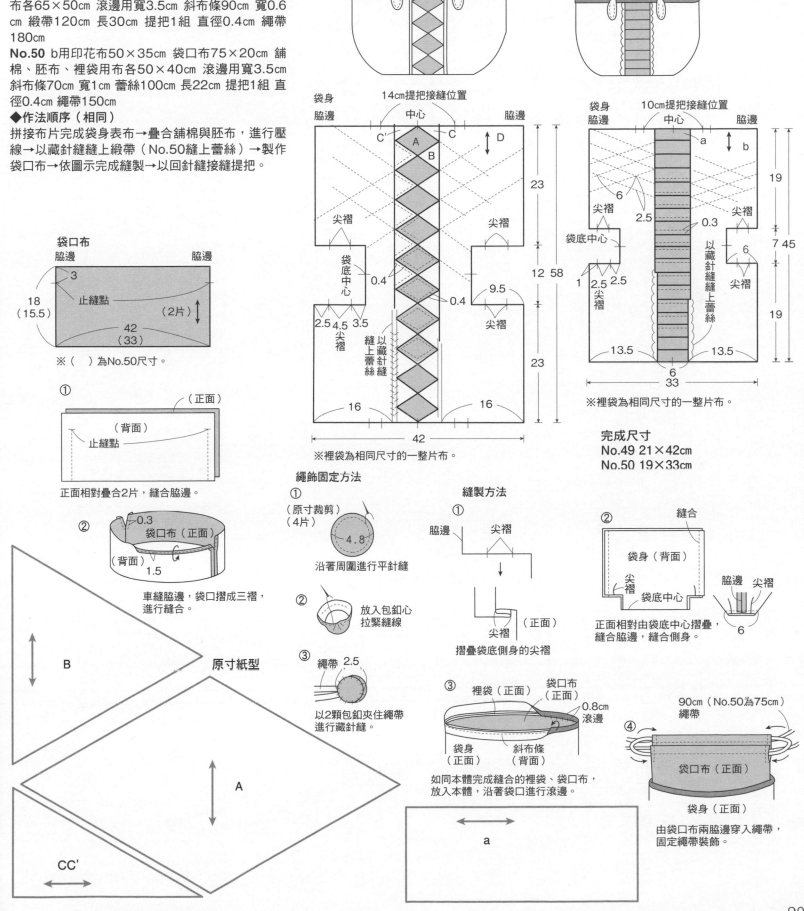

完成尺寸
No.49 21×42cm
No.50 19×33cm

※裡袋為相同尺寸的一整片布。

※（ ）為No.50尺寸。

◆材料
各式拼接用布片 D布片、提把用綠色印花布40×30cm E布片、袋底用綠色素布70×30cm（包含滾邊、提把部分） 袋口裡側貼邊用布45×20cm（包含提把裡布部分） 單膠鋪棉100×35cm 裡布100×30cm（包含袋底裡布部分） 直徑1cm球形磁釦1組

◆作法順序
拼接A至C'布片，完成前片表布→接縫D與E布片，完成後片表布→前片與後片黏貼接著鋪棉，進行壓線→袋底布黏貼鋪棉，疊合胚布，進行壓線→製作提把→依圖示完成縫製。

◆作法重點
○袋底擺放內有厚紙的襯底墊更加牢固。

完成尺寸　24.5×36cm

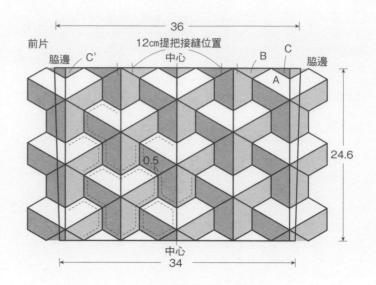

前片

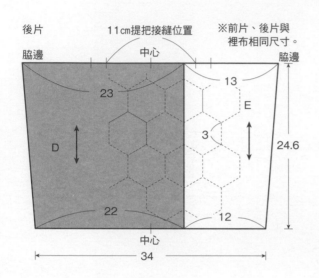

後片

提把
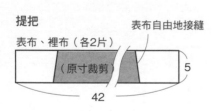
表布、裡布（各2片）　表布自由地接縫
（原寸裁剪）

① 表布（正面）　裡布（背面）
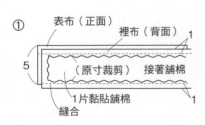
（原寸裁剪）　接著鋪棉
1片黏貼鋪棉
縫合

② 0.5
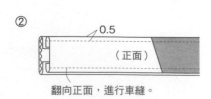
（正面）
翻向正面，進行車縫。

長38cm提把

袋底 中心
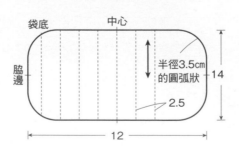
半徑3.5cm的圓弧狀
脇邊
14
2.5
12

縫製方法
① 前片（正面）

後片（背面）
正面相對疊合前片與後片，縫合脇邊。

② 前、後片背面相對疊合裡布　斜布條（背面）
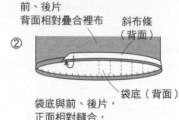
袋底（背面）
袋底與前、後片，正面相對縫合，進行滾邊處理縫份。

③ 裡布（正面）　袋口裡側貼邊（背面）
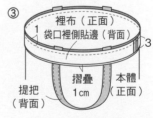
摺疊1cm　本體（正面）
提把（背面）
3×36cm袋口裡側貼邊接縫成圈，夾入提把，沿著袋口進行縫合。

④ 球形磁釦　袋口裡側貼邊（正面）
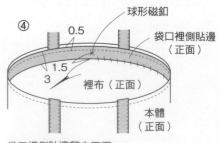
0.5　1.5　3　裡布（正面）　本體（正面）
袋口裡側貼邊翻向正面，沿著袋口進行車縫，以藏針縫縫於裡布。縫合固定磁釦。

◆材料
各式貼布縫、葉片裡布用布片 台布70×130cm（包含滾邊部分） 舖棉、胚布各85×75cm
小圓珠、25號繡線
◆作法順序
台布進行貼布縫，縫上花朵與葉片→花朵縫上小圓珠→進行刺繡，完成表布→疊合舖棉與
胚布，進行壓線→進行周圍滾邊。
◆作法重點
○參照配置圖，在喜愛位置進行貼布縫，縫上花朵與葉片。
○依喜好改變葉脈刺繡。

完成尺寸　66.5×77.5cm

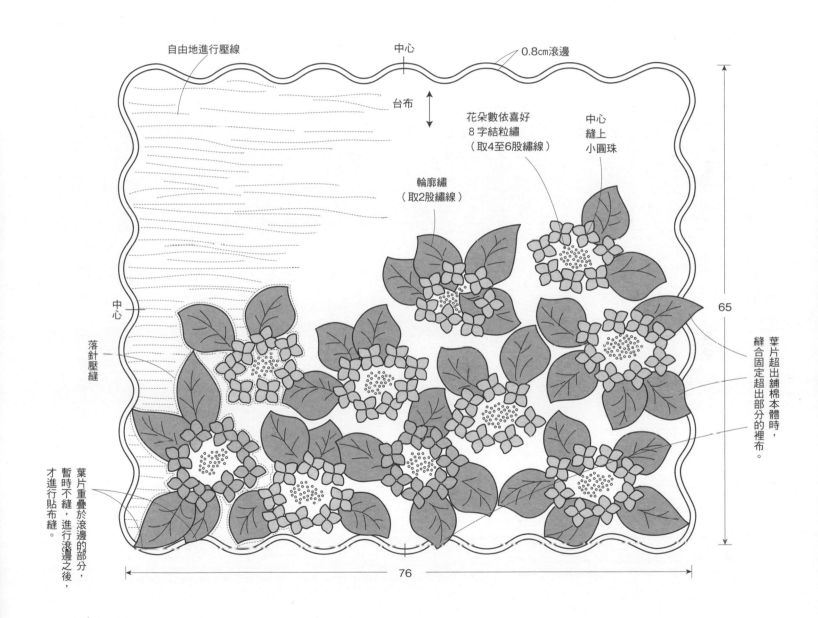

自由地進行壓線

中心

0.8cm滾邊

台布

花朵數依喜好
8字結粒繡
（取4至6股繡線）

中心
縫上
小圓珠

輪廓繡
（取2股繡線）

中心

落針壓縫

65

葉片超出舖棉本體時，
縫合固定超出部分的裡布。

葉片重疊於滾邊的部分，
暫時不縫，進行滾邊之後，
才進行貼布縫。

76

◆材料

各式拼接用布片　側身用深藍色素布80×70cm（包含滾邊、提把固定片、吊耳、肩背帶、袋口裡側貼邊、滾邊部分）　舖棉、胚布、裡袋用布（包含口袋布部分）、接著襯各80×45cm　長20cm拉鍊1條　內徑14cm 提把1組　內尺寸2cm D型環2個　內尺寸2.5cm 日形環1個　寬2.5cm 內襯帶130cm　寬0.5cm 蠟繩80cm　長1.8cm 固定繩帶配件1個　直徑0.9cm 雙面固定釦2組　寬6cm 乾燥果實1顆

◆作法順序

拼接A布片，完成前片與後片上、下部表布→疊合舖棉、胚布，進行壓線→安裝拉鍊，彙整後片→後片接縫口袋布→製作提把固定片、吊耳、肩背帶→依圖示完成縫製。

完成尺寸　25×36cm

原寸紙型

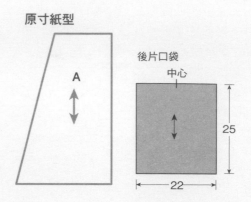

後片口袋

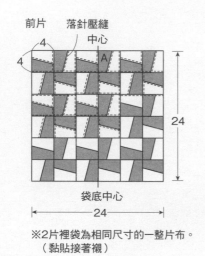

前片

※2片裡袋為相同尺寸的一整片布。（黏貼接著襯）

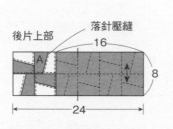

後片上部

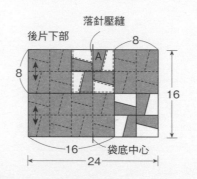

後片下部

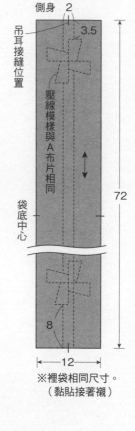

側身

※裡袋相同尺寸。（黏貼接著襯）

後片

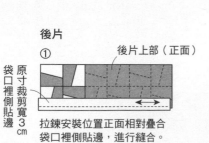

① 拉鍊安裝位置正面相對疊合袋口裡側貼邊，進行縫合。

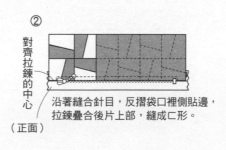

② 沿著縫合針目，反摺袋口裡側貼邊，拉鍊疊合後片上部，縫成匸形。

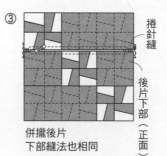

③ 併攏後片下部縫法也相同

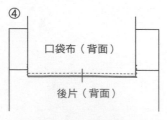

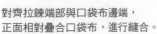

④ 對齊拉鍊端部與口袋布邊端，正面相對疊合口袋布，進行縫合。

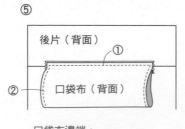

⑤ 口袋布邊端，疊合於另一側拉鍊邊端，進行縫合，縫合兩脇邊。

吊耳（2片）（原寸裁剪）

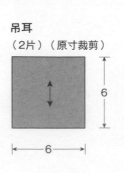

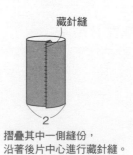

摺疊其中一側縫份，沿著後片中心進行藏針縫。

肩背帶

本體（原寸裁剪）

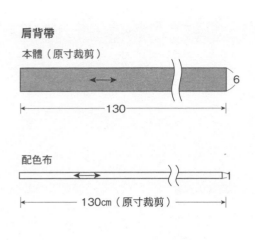

← 130 →

6

配色布

← 130cm（原寸裁剪）→

1

---

① 以本體用布包覆內襯布，疊合配色布，進行車縫。

內襯帶　併攏　本體　配色布

② 安裝活動鉤與日形環

活動鉤　日形環　活動鉤

固定釦　以固定釦固定

提把固定片

（4片）　中心

13　6

（正面）

（背面）

正面相對疊合2片，縫合兩脇邊。

縫製方法

① 後片（正面）

前片（背面）

側身（背面）

正面相對疊合前、後片與側身，進行縫合。
裡袋縫法也相同。

② 寬4cm斜布條（背面）

本體正面相對疊合斜布條，進行縫合。

③ 夾縫D形環的吊耳

摺雙　事先夾入提把

提把固定片

車縫　1

朝著內側反摺斜布條，
暫時固定提把固定片與吊耳，
沿著滾邊部位邊緣進行車縫。

④ 裡袋（正面）

藏針縫

放入裡袋進行藏針縫

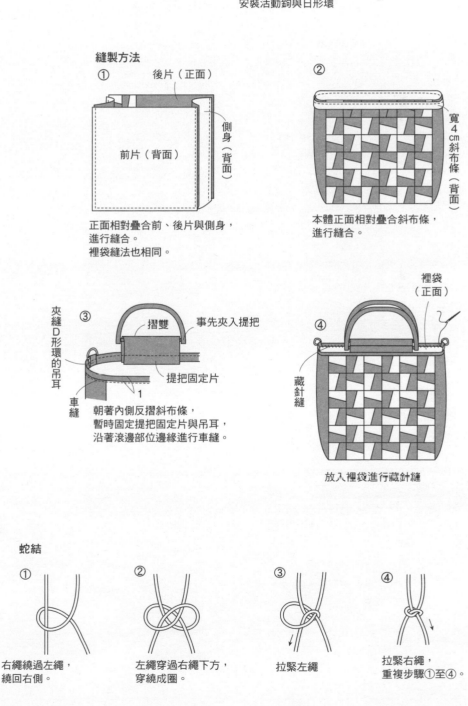

提把裝飾

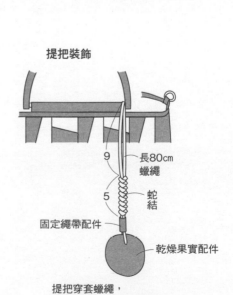

9　長80cm蠟繩

5　蛇結

固定繩帶配件　乾燥果實配件

提把穿套蠟繩，
編繩完成蛇結，穿套配件，
以固定繩帶配件，彙整繩端。

蛇結

① 右繩繞過左繩，繞回右側。

② 左繩穿過右繩下方，穿繞成圈。

③ 拉緊左繩

④ 拉緊右繩，重複步驟①至④。

PATCH WORK 拼布教室

國家圖書館出版品預行編目(CIP)資料

Patchwork拼布教室31：手作的藍調時光：清爽可愛的日系
Blue拼布 / BOUTIQUE-SHA授權；彭小玲・林麗秀譯.
-- 初版. -- 新北市：雅書堂文化事業有限公司, 2023.08
　面；　公分. -- (Patchwork拼布教室；31)
ISBN 978-986-302-679-2(平裝)

1.CST: 拼布藝術 2.CST: 手工藝

426.7　　　　　　　　　　　　　　112010629

授　　　　　權／BOUTIQUE-SHA
譯　　　　　者／彭小玲・林麗秀
社　　　　　長／詹慶和
執 行 編 輯／黃璟安
編　　　　　輯／劉蕙寧・陳姿伶・詹凱雲
封 面 設 計／韓欣恬
美 術 編 輯／陳麗娜・周盈汝
內 頁 編 排／造極彩色印刷
出　版　者／雅書堂文化事業有限公司
發　行　者／雅書堂文化事業有限公司
郵 政 劃 撥 帳 號／18225950
郵 政 劃 撥 戶 名／雅書堂文化事業有限公司
地　　　　　址／新北市板橋區板新路206號3樓
電　　　　　話／(02)8952-4078
傳　　　　　真／(02)8952-4084
網　　　　　址／www.elegantbooks.com.tw
電 子 郵 件／elegant.books@msa.hinet.net

原書製作團隊

發　行　人／志村悟
編　輯　長／関口尚美
編　　　　　輯／神谷夕加里
編 輯 協 力／佐佐木純子・三城洋子・谷育子
攝　　　　　影／腰塚良彦(本誌)・藤田律子(本誌)・山本和正
設　　　　　計／和田充美(本誌)・小林郁子・多田和子
　　　　　　　　松田祐子・松本真由美・山中みゆき
製　　　　　圖／大島幸・小池洋子・為季法子
繪　　　　　圖／木村倫子・三林よし子
紙 型 描 圖／共同工芸社・松尾容巳子

PATCHWORK KYOSHITSU (2023 Summer issue)
Copyright © BOUTIQUE-SHA 2023 Printed in Japan
All rights reserved.
Original Japanese edition published in Japan by BOUTIQUE-SHA.
Chinese (in complex character) translation rights arranged with
BOUTIQUE-SHA
through KEIO CULTURAL ENTERPRISE CO., LTD.

2023年8月初版一刷　定價／420元

總經銷／易可數位行銷股份有限公司
地址／新北市新店區寶橋路235巷6弄3號5樓
電話／（02）8911-0825　傳真／（02）8911-0801